直觉陷阱 2

认知非理性消费偏好，
避免成为聪明的傻瓜

高登第　著

华东师范大学出版社
·上海·

图书在版编目（CIP）数据

直觉陷阱.2，认知非理性消费偏好，避免成为聪明的傻瓜/高登第著. -- 上海：华东师范大学出版社，2025. -- ISBN 978-7-5760-6278-6

Ⅰ. B84-49

中国国家版本馆CIP数据核字第2025JR1833号

直觉陷阱2

上海市版权局著作权合同登记　图字：09-2025-0114号

直觉陷阱2: 认知非理性消费偏好，避免成为聪明的傻瓜

著　　者　高登第
策划编辑　彭呈军
责任编辑　朱小钗
责任校对　李琳琳
装帧设计　刘怡霖

出版发行　华东师范大学出版社
社　　址　上海市中山北路3663号　邮编 200062
网　　址　www.ecnupress.com.cn
电　　话　021-60821666　行政传真 021-62572105
客服电话　021-62865537　门市（邮购）电话 021-62869887
地　　址　上海市中山北路3663号华东师范大学校内先锋路口
网　　店　http://hdsdcbs.tmall.com

印　刷　者　上海中华商务联合印刷有限公司
开　　本　890毫米×1240毫米　1/32
印　　张　6.875
字　　数　125千字
版　　次　2025年8月第1版
印　　次　2025年8月第1次
书　　号　ISBN 978-7-5760-6278-6
定　　价　58.00元

出 版 人　王 焰

（如发现本版图书有印订质量问题，请寄回本社客服中心调换或电话021-62865537联系）

目　录

推荐序

生活中无处不是思考案例、直觉陷阱

飨宾餐旅集团品牌策略部副总经理　廖明君

　　甫开始阅读本书，心里便哼起了 *Old Habits Die Hard* 的旋律，因为在营销工作中，其中一项重要任务就是让消费者对品牌产生"积习难改"的黏着度。在数位营销领域，近年来大众常见的关键字句，如"声量""踩雷""心占率""懒人包""饥饿营销"，或是"小朋友才做选择，我全都要"，其实背后都有消费心理学的意涵与逻辑，读者咀嚼书中高教授的字字珠玑后，便能逐步了解其中所蕴含的思维，也会发现生活中无处不是思考案例、直觉陷阱。

　　只要看见某某学的书，往往令人担心内容艰涩难懂，但本书对于心理学名词的解释深入浅出，辅以生活案例或研究图表，更让人容易吸收内化并举一反三。例如，第一章锚定效应中提到了"韦伯法则"的K值，解答了从消费角度来说，为何"九折"是一个有感的恰感差量边界值。读完这个章节后，打开百货周年庆海报或想起在宜家看见的"比去年更低价"新品海报，我心中便忖度着："原来是这么一回事啊。"除了提升解读消费心理学的能力外，"锚定效应"也会让读者在采购决策和议价能力上更理性睿智。

"单纯曝光效应"最简单又符合时事的应用，便是为选举造势了。仔细回想从小到大，我们参与过的选举投票，是不是往往都投给对于姓名最有印象的候选人？或是投给"看得顺眼"的，但不见得对其本人的经历、见地有多了解；品牌操作亦同理，通过大量重复的曝光，让民众对于名称、面孔、图像产生熟悉度和正面观感后，便会在各式各样的场合中，引导大脑通过"处理流畅性"作出最符合直觉的选择。毕竟人性本"散"，能在"躺平""佛系"思考后作出容易的决定，对大多数人来说再舒服不过了。但是，书中内容也适时提醒营销从业人员，这些工具并非无敌，用过头也会有反效果。通过本书可以充分理解各种消费心理学在应用上的技巧和产生风险的分际所在。另外，通过本书的提醒，时常归零思考并强化底层逻辑，读者更能用客观的立场辨别"需要"跟"想要"的界限，使读者们成为更聪明的消费者。

在品牌设定及营销沟通时，我们内部常说"三流的品牌讲价格，二流的品牌说规格，一流的品牌谈风格"，所以除了定价策略跟商品功能性的本质之外，如何建立鲜明的品牌形象与正面的风格认知，就显得更加重要。耐克作为世界知名的运动品牌，最早从跑鞋零售开始，但其广告向来不聚焦商品本身，也不跟其他品牌比较规格与性能；在它的广告里，总是在阐述运动家精神、在表现对于运动员的尊敬。时至今日，因为其品牌强度与"月晕效应"的提升，运动鞋之外的产品线销售额，已经占总营收三分之一，只要消费者想到运动相关的商品，我相信大多数人都能想到这一品牌。

　　作为大众消费产业，餐饮业在产品开发上也常见书中提及"妥协效应"的应用情境，且上至品牌定位，下至商品定价都适用。过去当我们要投入一个新品牌、研发新商品时，经常会由于个人感性因素而产生盲点，过度投入资源希望做到最好，却可能落入曲高和寡的局面。因此，起初的产品定位及定价策略，就非常值得参考此章节的内容，在商品开发过程中，持续地进行动态分析与策略调整。毕竟市场上竞品何其多，商业赛局总是不断地变动，"天下武功，唯快不破"，如果能将此心法了然于胸，并且应用在商业决策过程中，相信大家都能在自己的领域中更悠然自得。

　　营销学之父菲利普·科特勒（Philip Kotler）曾说："营销是在探索、创造与传递价值以满足市场需求，并创造获利的科学和艺术。"通过本书，读者可以有逻辑地完成对于消费心理学的洞察，也能有效地训练自己避开过去思想上的误区，无论是在职业生涯开发或探索人生的面向上，本书都值得大家仔细阅读，思考品味。

推荐序

消费陷阱的自我检视

"理财生活通"节目主持人、财经作家　夏韵芬

　　经济活动讨论的大都是效率与理性，心理学有心理与意识的探索，把经济活动跟心理学一起探讨与诠释，高教授是其中的佼佼者，他出版的两本相关书籍都广受好评。

　　台湾地区最活跃的经济活动是房市与股市，当股市的千金股股价上涨，投资散户就会认为其他的股票也会跟着上涨，这是一个典型的"锚定效应"，同样房价每单位面积突破三位数，也会让大家认为这将带动房价持续上涨。

　　如果台北的帝宝团队到我最爱的台东盖大楼，一样的名称、团队、建材以及设计图，价格就能够卖到跟台北帝宝一样高？你觉得简单明白，其实已经陷入"认知偏误"，一旦相信，对于价格判断与决策就会失真，这种捷径式思考，行销人员屡试不爽，消费者照

单全收也就屡战屡败。

　　日前百货公司周年庆，我虽然理性地列出清单，但还是被店员"只剩下这一件"的说法打动，这也是高教授书中的"稀缺性效应"的最佳例证。

　　你常常掉入直觉陷阱吗？本书的内容深入浅出，适合大家边阅读边自我检视。

推荐序

帮助读者反思直觉式思考模式，
培养发掘事实真相的能力

台湾新竹清华大学进修推广学院院长

台湾新竹清华大学科技管理研究所教授兼所长　　張元杰，

台湾科技管理学会院士

　　"认知偏误"（cognitive bias）是所有思考与决策不理性的来源，更是所有思考错误之母。《直觉陷阱2：认知非理性消费偏好，避免成为聪明的傻瓜》一书是台湾新竹清华大学教授高登第的经典大作，他从社会心理学与消费心理学的角度来剖析"认知偏误"，解读读者本身不自觉且难以改变的思维模式，在消费行为上产生快速与自动化的决策模式，从而掉入"直觉"的陷阱。

　　《直觉陷阱：30种关键心理效应，让我们摆脱认知偏误，拥有理性与感性》是一本讲述"认知偏误"的书籍，《直觉陷阱2：认知非理性消费偏好，避免成为聪明的傻瓜》罗列了 16 个认知偏误效应与现象，解释消费者在购买决策过程中，因不同的认知偏误，进而导致系统性的偏误。具体来说，高教授从消费者角度的内在因素与企业角度的外在因素两大层面进行论述。一者，从消费者个人角度出发，例如消费者个人信念、记忆、禀赋、恐惧与风险偏好等所造成的消费决策偏见。书中所提及的"确认偏误"，指个人往往会忽视挑战或抵触既有观点和想法的资讯。举例来说：消费者对于某一产品抱持正向评价，就倾向于寻找能支持自己信念的证据。例如：能够提升产品形象的资讯与评价，而忽略了产品的负面资讯与评价。

再者，从企业的角度出发，企业借由行销资讯与广告的内容（如诱饵手法和怀旧手法等）引导消费者的决策。举例来说，书中所提到的"框架效应"（framing effect），指企业以不同方式呈现广告内容或者行销手法，如"四人同行，一人免费"或"四人同行，享七五折优惠"，免费的字眼则更加吸引消费者。举例来说，苹果公司曾使用"框架效应"，乔布斯 2001 年以"有一千首歌在你的口袋里"来描述第一款 iPod、以"全世界最薄的笔记本电脑"来描述 2008 年推出的 MacBook Air，以凸显产品特色的框架，引导消费者进行文字解读，进而激发消费者的消费欲望。

在本书中，共有16个章节说明不同类型的认知偏误效应。每一章节皆以该偏误效应的定义为始，进一步说明这些效应的起源与发展，后辅以消费者在生活中各式常见的案例进行说明，在每章最后皆以"基本心法"来总结，让读者可以随意带走（take away）每章的智慧。更重要的是，针对每一个认知偏误效应，高教授提出相对应的解方，针对个人、消费者以及企业等提供不同的实务建议，并鼓励读者梳理个人的认知偏误、思考盲点与决策偏差。全书以平易近人的文字，来解释艰涩的学术名词，以轻松活泼的案例，来帮助读者了解各种认知偏误效应发生的情境。此种写作方式深入浅出，让读者不受专业知识、理论与术语所限制，更能够使读者在短时间内融会贯通，突破各项认知偏误效应带来的思考限制。

最后，这是一本引发读者从内省思维到外审行为、解读心智之谜与行为之理的著作。本人在此极力推荐《直觉陷阱2：认知非理性消费偏好，避免成为聪明的傻瓜》，这本书对于消费者个人消费行为的剖析、企业行销手段的检视具有相当大的实用性。对于读者而言，这本书从多个角度切入，帮助读者反思个人直觉式思考模式，摒弃心中的成见与偏见，培养发掘事实真相的能力，面对人生中各项大大小小的决定，避免掉入"直觉"的陷阱。

推荐序

从认知偏误走向理性实践
——对经济行为决策的启发

西安交通大学经济与金融学院教授　袁晓玲

在我多年的行为经济学教学与研究过程中，经常被学生与企业高层问到同一个问题："为什么我们在面对消费决策时，会明知道不合理，却依然作出非理性选择？"这其实正点出了人类认知系统中的一个核心矛盾——我们的判断并不总是建立在理性计算上，反而经常受限于直觉、感受与偏误。

《直觉陷阱2：认知非理性偏好，避免成为聪明的傻瓜》（以下简称《直觉陷阱2》）一书，正是一本深入浅出、结构严谨又极具洞察力的作品，它不仅将心理学与行为经济学的核心概念通俗化，更从众多日常情境中抽丝剥茧，揭示隐藏在每一次消费决策背后的认知机制。无论是学术研究者、商业从业者，还是普通消费者，这本书都能为他们提供切实可行的思考工具，帮助我们在充满诱导与操控的市场环境中，重新找回判断的主权。

兼顾学术深度与实务落地

与一般心理学读物或营销实战书籍不同，《直觉陷阱 2》的独特之处在于它将认知偏误的概念处理得既具学术根基，又能落地实践。书中涉及的各类认知偏差——从锚定效应、禀赋效应、框架效应，到从众行为、光环效应等，皆是行为经济学中的核心理论。但作者高登第教授并未止步于学术层面的论述，而是通过大量生活化案例与市场现象，让这些看似抽象的理论有了触手可及的可感性。

例如，作者对于"生动效应"所进行的分析，不仅还原了消费者为何更容易记住故事而非数据的心理机制，更延伸出其在广告、销售话术与品牌叙事上的实际影响。这类从心理模型出发，再对接现实应用的写法，不仅显示出作者对学理的精准掌握，也展现出其对真实市场环境的高度敏锐。这种理论与实践并重的写作风格，是我在多年阅读中难得一见的。

普遍适用的认知觉察指南

在这个资讯爆炸、选择过剩的时代，每一个人都生活在密集的心理操控之中。无论是被演算法推荐的产品、社交平台上的口碑或是电商平台限时限量的促销机制，我们所面对的每一项"选择"背后，往往都隐藏着特定的心理诱因。而这些诱因，正是认知偏误发挥作用的最佳温床。

《直觉陷阱2》并不只是提醒读者"哪些地方容易被误导"，它更进一步地提供了反思与解套的策略：每一章的"基本心法"都像是行为决策过程中的心理导航，提醒我们在面临信息干扰、从众压力、情绪操控时，如何保持清醒，作出更符合自身利益的选择。

也因此，我相信这本书的适用对象绝非仅限于行销人或商管人，而是每一位生活在现代社会，需要面对消费、判断、选择的普通人。对学生而言，它是建立批判性思维的练习工具；对管理者而言，它是理解顾客心理、优化产品与传播策略的实用指南；对一般大众而言，它更是一份提升生活判断力的认知手册。

作者的背景让我更有信心推荐本书

台湾新竹清华大学的高登第教授，是我相识二十余年的挚友。多年来我们共同关注行为决策议题，在学术研究上彼此切磋，在实务经验上也经常交流。他不仅具备坚实的学术训练背景，多篇论文发表于国内外知名期刊，更长期参与企业顾问和市场洞察的实战工作，是少数能同时在"理论"与"实践"两端都深耕有成的专家。

正因如此，《直觉陷阱2》才能具备"看得懂""用得上""推得广"的特质。它不是写给专家看的专业书，也不是泛泛而谈的心灵鸡汤，而是一本让人"越看越清醒、越读越透彻"的理性指南。看到他将这些年来的理论研究、教学经验与市场观察融会贯通、系统整理，我深感钦佩，也由衷地为他感到高兴。

更让我欣喜的是，他并未将本书定位于"精英思维的封闭讲义"，而是努力以清晰流畅的语言，将认知科学的复杂概念转化为大众都能理解并应用的实用智慧。这种"普惠型知识转译"的努力，正是当代知识人最可贵的公共精神体现。

结语：与其被操控，不如主动掌握认知主权

在我们习以为常的日常选择中，其实有太多判断是被"感觉"所带领，而非理性推演。《直觉陷阱2》的问世，为我们提供了一面认知之镜，帮助我们照见那些潜藏在行为背后的心理陷阱。当我们能意识到这些陷阱存在，就等于迈出了自我觉察与理性提升的第一步。

我真心希望这本书能被更多读者阅读——无论你是企业经营者、产品营销人员、教育工作者，或只是一名渴望在复杂世界中作出更好选择的普通人，都能在本书中找到属于自己的收获。它不仅值得一读，更值得反复咀嚼。

作者序

追求解决消费痛点，避开直觉陷阱，成为聪明的消费者

在过往20多年的教学经历当中，无论是在授课或是演讲的时候，我经常被问到一个问题："消费心理与行销管理有何不同？"这个问题实属大哉问！简而言之，传统上行销管理是以厂商立场作为出发点，也就是厂商衡量本身的资源之后，充分利用资源与行销手法，以试图获得消费者的青睐；而消费心理的出发点则刚好相反，也就是先洞悉消费者的内心想法，再据以制定出符合消费者需求的行销策略。

让我举个例子来看：现今市场上消费者的痛点之一，便是缺乏一款价格便宜、流明值高，且耗电低的微型投影仪产品。然而有一家厂商最近推出的商品，却主打进阶功能与中等价位，但耗电问题并没有获得明显改善。换句话说，这家厂商与现有其他厂商并没有

明显地作出市场区隔，完全将自己的研发水准作为新产品的考量。试问此种产品怎么可能受到消费者的欢迎？其中的症结就在于厂商没有解决消费者的痛点。

随着时代的进步，消费心理的重要性也与日俱增，无论是在消费者个人的消费场景中或是在企业经营的领域上皆是如此。因此市面上已有不少谈论消费心理的书籍，而根据我个人的观察，这些书籍虽不乏经典之作，然而有不少是由国外书籍翻译而来，其中所举的例子对本土消费者而言仍难免有隔靴搔痒之感。

除此之外，为了避免学者常犯的通病，也就是文章内容过于学术化而让读者无法亲近，这本书决定仍然延续上一本《直觉陷阱：30种关键心理效应，让我们摆脱认知偏误，拥有理性与感性》的架构，以各种常见的消费心理效应作为文章呈现方式，各章节之间彼此并无连贯性，读者可以不按照顺序跳着读，也不会有摸不着头绪的阅读障碍。各效应之间辅以作者个人的实务工作经历与最新时事加以说明，希望凭借此种贴近生活的方式，能够唤起读者的共鸣。

这本《直觉陷阱2：认知非理性消费偏好，避免成为聪明的傻瓜》之所以能够完成，仍旧有赖于时报出版赵政岷董事长的不断鼓励与提醒。事实上每年的暑假反而是我比较忙碌的时刻，因为仍旧必须处理校内推广部的授课事宜，以及准备撰写国科会研究计划案之新提案与旧提案之结案报告，再加上指导学生论文，其实空闲下来的时间并不多。但是由于我和赵董事长相交近30年，因此只好牺牲仅有的休闲时间予以完成，在完成每一章的内容之后，均先交给赵董事长过目，以确保内容方向无误，也承蒙赵董事长提供许多专业与宝贵的意见，在此由衷表示感激之意。此外负责本书的编辑陈萱宇小姐也提供了许多专业的编辑意见，在此一并致谢。另外，我在台湾新竹清华大学曾指导的在职MBA学生，目前任职于乾瞻科技人力资源处的徐欣慧处长，也在幕后大力地协助本书的推广事宜，在此表达感谢之意。

与其他传统的学者不同的是，我在进入学术圈服务之前，便已有多年的业界行销实务与担任企业顾问之经验，深谙企业经营成功之道，便在于如何解决消费者的痛点。记得曾有一位EMBA在职班的同学向我请教如何才能在消费市场上有所收获？我的回答很简单："就是设法推出具有消费者需求，但目前市面上并不存在能满足此种需求的商品！"换句话说，就是以消费者的考虑为出发点！唯有知己知"彼"（消费者），才能百战百胜。因此本书除了教导读者如何避免消费场景中常遇见之直觉陷阱，同时也提醒厂商，应该如何避免不当地操弄消费心理效应。

写书这件事情，其实原来并不在我的人生规划当中。然而由于上一本谈论大众心理学的《直觉陷阱：30种关键心理效应，让我们摆脱认知偏误，拥有理性与感性》意外获得不少读者的好评，也诱发了我撰写这本以消费心理为主题的《直觉陷阱2：认知非理性消费偏好，避免成为聪明的傻瓜》之动机。衷心盼望这本《直觉陷阱2：认知非理性消费偏好，避免成为聪明的傻瓜》能够带给读者些许收获，让大家成为能够避免直觉陷阱的聪明消费者。

高登第

癸卯年七夕次日于汉密尔顿

导言

基础心法篇：认知偏误效应
（Cognitive Bias Effect）

　　"认知偏误"（cognitive bias）是思维和决策中的一种系统性错误（systematic error），可能会影响消费者认知、处理资讯与采取行动的方式。"认知偏误"是大脑用来简化复杂资讯，并作出快速判断的心理捷径（mental shortcuts）和运用"捷思法思考"（heuristic thinking）的结果。虽然此种捷径在某些情况下可能有助于迅速思考与立即决策，但也可能导致不合理和不太理想的决策。

　　认知偏误在塑造消费者对产品、品牌和购买决策的心理过程和决策方面具有极大影响力。了解这些偏误有助于厂商制定能与消费者产生共鸣，并克服潜在行销障碍的策略。

确认偏误

　　在消费心理中，最常见的认知偏误之一是"确认偏误"（confirmation bias）。"确认偏误"是指消费者为了证实先前存在的信念无误，而致力去追寻有利于解释该种信念的资讯，选择性地忽略或淡化与之相矛盾的证据的倾向。换句话说，消费者倾向于主观地以符合他们现有信念的方式过滤资讯，通过"选择性注意"（selective attention）以强化他们自己的观点和看法。

　　"确认偏误"会对消费者的决策产生巨大影响。当消费者对品牌或产品原本就已抱持正面的看法时，他们更有可能寻找正面的评论、推荐和支持其正面观点的资讯；另一方面，他们可能倾向于忽视或反驳负面评论和意见，以淡化或忽视产品的任何潜在缺陷。例如，当一位消费者正在考虑购买特定品牌的智能手机，如果他根据之前的经验或广告已经对该品牌产生了正面的看法，他可能会抱持正面的心态去寻找对该品牌正面的评论和用户评价，以验证他们既有的正面观感无误，其中任何负面评论或批评都可能被忽视，或被合理化为单一偶发事件。

同时，"确认偏误"还会影响消费者处理行销资讯和广告刺激的方式。也就是说，消费者更容易接受符合他们现有信仰和目前偏好的资讯，因此行销人员必须了解目标客群（target audience）目前的态度和价值观。为了克服"确认偏误"，企业和行销人员可以采用一些策略，例如提供平衡的资讯，揭露产品或服务的正面和负面资讯，也就是所谓的双面讯息（double-sided message）。心理学的研究已指出，同时提出正面和负面的论点，有助于让讯息接收者更容易被说服。因此，厂商提供具有可信度和透明度的正向和反向资讯，反而有助于消费者建立信赖度和好感，即使这意味着承认商品或服务中隐含的小瑕疵。

定锚效应

另一个常见的认知偏误是"定锚效应"（anchoring effect）。当消费者在作出决定时过度依赖他们收到的第一个资讯时，就会出现此种偏误。最常见的情况是消费者经常误把第一次接触到的资讯作为影响后续判断的"锚点"（anchor point），即使此锚点与当前决策的相关性不高。

在消费情境当中，"定锚效应"可以在价格谈判（也就是议价）过程中观察得到。例如，当消费者遇到原价为100元但目前打七折的商品时，他们可能会认为促销价格70元比其他店家的正常价格70元更优惠，即使两者相比并无差异，此种认知偏误便是来自消费者倾向于以原价100元当作锚点，并以七折作为捡到便宜的"收益"（gain），因此作出 $100 \times 70\% > 70$ 的错误认知。但上面的例子是以一般人容易计算的整数作为举例，如果在商品价格是非整数的情况下（例如178元打七折），一般人恐怕必须借助手机的计算机功能才能算出答案。

在买卖议价的过程中，可以通过设定的原始报价作为进一步谈判的参考点（reference point）。例如，卖方可能为产品设定较高的原始价格，然后以买一送一或是打折的方式进行促销，以此方式导致买方将任何后续的商品降价视为卖方重大的价格让步。为了抵消"定锚效应"的认知干扰，消费者可以通过网络来比较心仪商品的市场行情，并且降低冲动性购物（impulse buying）的欲望。借由考虑多种替代性商品选择和价格范围，消费者可以避免受到他们所遇到的第一条资讯的过度影响。

框架效应

"框架效应"（framing effect）是另一个会导致消费者产生认知偏误的商业手法。框架（framing）是指同一资讯但以不同的方式予以呈现，以造成消费者产生不同的认知（perception）；厂商可以利用"框架效应"去影响消费者如何认知和解读资讯，因为同样的资讯以不同的方式呈现，可能会导致消费者形成不同的判断和决策。

例如，厂商打算举办一项与改善身体免疫功能有关的新产品行销活动，以"框架效应"的观点来看，厂商有两种选择：

强调购买的正面属性（正面框架），例如：服用本产品可显著改善身体免疫功能。

强调未购买的负面属性（负面框架），例如：若未服用本产品，便失去显著改善身体免疫功能的机会。

由于消费者对于健康的厌恶风险通常较高，因此消费者通常会更加关注负面框架之讯息，也就是说负面框架之讯息在消费者心中之权重比正面框架之讯息高，因此也更有说服力。

框架还会影响消费者对风险（risk）和收益（gain）的看法。若以正面框架呈现资讯，也就是强调购买或使用产品或服务的好处，可以引导消费者关注潜在收益并忽视潜在风险。相反地，若以负面框架呈现的资讯强调与决策相关的风险或损失，可能会导致消费者变得更加厌恶损失风险。

在面对消费者选择的情境下，"框架效应"可以影响消费者对某些产品或品牌的偏好。行销人员可以策略性地选择欲传达的正面或负面资讯，以吸引消费者对正面结果的期待或对负面结果的回避，以创造出购买的欲望。然而，厂商在运用"框架效应"时必须注意到道德考量，切莫以操弄或欺骗的方式呈现资讯，因为此举可能会削弱消费者的信任和企业的商誉，从长远来看反而会损害品牌的声誉。

社会认同效应

"社会认同效应"（social identity effect）是另一种会显著影响消

费者的认知偏误。"社会认同"是指依赖他人的行为和意见作为我们自己决策指南的倾向。当我们看到其他人以某种方式行事或认可某种产品时，我们更有可能采取类似的行为或信念，也就是所谓的"从众行为"（conformity behavior）。在消费者面临不确定性或缺乏资讯的情况下，社会认同尤其具有影响力。

在社会认同的情况下，消费者会向他人征询意见与建议。例如，消费者外出用餐但不确定选择哪家餐厅较好时，当看到某家餐厅外面大排长龙等待用餐的顾客，此一景象可能会传递出"这家餐厅是一个受欢迎且理想的选择"的讯息线索。

社会认同的效果在行销和广告中已得到广泛利用，例如名人或网红的推荐和认可，可能会给消费者带来可信度和信任感。电商平台和社群媒体上的评论和评分也可发挥社会认同的引导作用，进一步影响消费者的购买决策。

错失恐惧

"错失恐惧"（fear of missing out, FOMO）的概念也与社会认同密切相关。"错失恐惧"是指一种因为自己不在场所产生的焦虑与持续性不安，因为相信其他人正在经历令人愉快的事件，但因自己不在场而丧失亲身体会的大好机会。行销人员经常在行销活动中使用"错失恐惧"来营造一种紧急感和排他感，鼓励消费者立即采取行动。为了抵消社会认同的影响，消费者可以练习批判性思维和培养独立决策的能力，不要太易受他人影响，过度依赖他人的意见可能会导致从众心理和冲动性决策，结果可能作出与个人偏好和需求不符的选择。

稀缺性效应

在行为决策领域中，"稀缺性效应"（scarcity effect）已被公认会造成强烈的认知偏误。"稀缺性"是指厂商通过人为的行销手法让消费者认为产品大受欢迎且供不应求，以增加消费者对该商品的认知价值和需求感，也就是近几年大家耳熟能详的"饥饿行销"（hunger marketing）手法。

当消费者认为某种产品稀缺或供应有限时，他们可能会产生强烈的购买急迫感。由于担心错过机会，消费者可能会采取捷思法，也就是几乎不假思索地迅速采取购买行动，即使他们最初并没有考虑购买。"稀缺性"常见于限时、限量的特价促销情境，以营造出急迫感并鼓励消费者立即采取行动。限时优惠、独家产品、限量编号和"售完即止"的手法是厂商利用"稀缺性效应"的常见策略。然而，厂商必须以道德和透明的方式运用"稀缺性效应"，虚假或蓄意操弄稀缺性的手法，可能会削弱消费者的信任，并导致负面的品牌观感。

禀赋效应

此外，"禀赋效应"（endowment effect）也是常见的消费者认知偏误。"禀赋效应"是指与他们尚未拥有的同一物品相比，人们倾向于对他们已经拥有的物品赋予更高的价值。例如，如果消费者免费收到市价200元的试用赠品，他们可能会因为已经拥有它而对其赋予更高的价值；但如果同一商品在商店中以200元出售，消费者可能不太愿意付200元购买。这与是否免费无关，而是与消费者是否拥有该商品的"心理拥有权"（mental ownership）有关。也就是说，在拥有该商品后，消费者会觉得该商品的价值大于或等于200元；但在拥有或购买该商品之前，消费者可能觉得该商品不值200元。

"禀赋效应"可以通过多种方式影响消费者的决策。例如，消费者可能不愿意以当初购买的价格出售或放弃他们拥有的物品，即使他们不再需要这些物品，因为他们认为这些物品的价值比当初购买时更高。厂商可以利用"禀赋效应"来鼓励消费者试用，通过提供免费样品或试用，消费者可能会对产品产生心理拥有权和情感依附（emotional attachment），因而更有可能购买该产品。

损失厌恶效应

"损失厌恶效应"（loss aversion effect）是另一种显著影响消费者决策的认知偏误。"损失厌恶"是指消费者宁愿将决策重心放在避免损失，而非从中获利的倾向。换句话说，人们更愿意避免失去他们已经拥有的东西，而不是获得同等价值的东西。消费者的"损失厌恶"倾向会导致风险厌恶行为，并且不愿意在不确定结果的事物上冒险。例如，即使目前市面上有似乎更具吸引力的替代品，消费者可能更倾向于坚持使用熟悉的品牌和产品，以避免令人失望的体验风险。

行销人员可以利用"损失厌恶效应"来影响消费者的决策。例如，根据消费者因不选择特定产品而可能遭受的损失来陈述行销资讯，也就是运用"风险框架"（risk framing）的诉求，以让消费者产生厌恶损失的心态而采取购买行动。为了减轻"损失厌恶效应"

的影响，消费者可以重新厘清思维并将重心放在关注潜在的获益和好处，而非潜在的损失。依据决策的实际优点和缺点客观地评估决策，有助于作出更加平衡和理性的选择。

可得性捷思法

"可得性捷思法"（availability heuristics）是另一种显著影响消费者心理的认知偏误。"可得性捷思法"是指消费者在作出判断或决策时，倾向于依赖即时且易于获取的资讯，而非仔细评估所有的可用资讯。例如，当被要求估计特定事件发生的概率时，人们可能会依赖容易想到的生动且难忘的例子，而非考虑客观的统计数据。也就是说，"可得性捷思法"可能会因消费者选择立马可想到，或随手可得的资讯，而导致产生具有偏见的看法并作出误判。例如，如果消费者从网络或媒体上接触到有关某一品牌的负面评论，或从朋友处听到相关的负面体验，他们可能会对该产品或品牌产生负面的认知，即使该负面体验只是一个偶发的独立事件。

"可得性捷思法"与媒体影响力以及该媒体中的资讯框架具有密不可分的关系。媒体对负面事件（例如产品召回或涉及特定品牌的事故）的报道，常常可以塑造或扭转消费者对某一特定品牌的看法，甚至进一步地影响消费者的决策，此一现象均可归因于消费者过于依赖"可得性捷思法"。为了减轻"可得性捷思法"所可能带来的误导，消费者可以善用认知资源（cognitive resource）去寻求并仔细分析各种资讯和观点，以帮助个人作出更明智和理性的判断。

从众效应

"从众效应"（conformity effect）是另一种会影响消费者决策且常见的认知偏误。"从众效应"是指人们所抱持的信念或采取的行动是受到众多他人影响的倾向。"从众效应"经常会影响消费者对品牌认知与后续的购买决策。当消费者看到其他人认可或使用特定产品或品牌时，他们可能更倾向于仿效，这可归因于消费者通常具有避免"社会排除"（social exclusion）的心态，因为和他人采取相同行为有助于融入他人。

"从众效应"经常用于行销和广告活动中，以营造商品大受欢迎的形象。例如，强调已购顾客正面体验的推荐内容，可以鼓励尚未决定购买的消费者尝试购买该品牌的商品。为了降低"从众效应"的冲击，消费者可以多加关注本身的价值观和商品偏好，并根据个人需求作出决定，而非一味盲目地随波逐流。

光环效应

另一种常见会影响消费心理的认知偏误是"光环效应"（halo effect）。"光环效应"是指根据单一特定正面特质或属性而对某一对象或品牌作出判断的倾向。换句话说，如果某人认知到另外一个人或某品牌的一种正面特质，他们更有可能认为该标的物应该也拥有其他正面的特质。从消费者的角度观之，"光环效应"常常会影响品牌认知和品牌偏好。例如，如果消费者对某个品牌的客户服务有正面的观感，他们可能会认为该品牌的产品品质也很优秀，即使他们尚未购买。

"光环效应"也会受到行销和广告的影响。一个始终将自己定位为优质和高级形象的品牌，可以营造出奢华和令人向往的外在光环，会让消费者联想到该品牌商品的设计与质感一定高人一等，但事实上产品品质与此种形象未必完全相符。为了避免受到"光环效应"的误导，消费者可以以客观的心态来进行品牌评估并作出是否要购买的决策，而非受到产品单一属性所左右。系统性地根据产品的具体属性进行研究，并参考他人的使用经验，将有助于消费者本身作出更明智与更理性的选择。

邓宁—克鲁格效应

　　"邓宁—克鲁格效应"（Dunning-Kruger effect）是一种认知偏误，会影响消费者的自我评估信心。"邓宁—克鲁格效应"是指在特定领域能力较低的个人，往往会高估自己的技能和专业知识的倾向。从消费心理的观点来看，"邓宁—克鲁格效应"可能会影响消费者的购买决策和品牌忠诚度。一言以蔽之，缺乏特定产品类别知识或专业知识的消费者，反而可能会主观地自以为拥有高度的专业知识，从而导致他们作出未尽如人意的选择。例如，对摄影设备产品知识有限的消费者，可能会高估自己选择高品质相机的能力，最终购买的产品根本无法满足他们原本的需求。

　　"邓宁—克鲁格效应"还会剥夺或降低消费者向专业人士或有经验的用户寻求建议和推荐的意愿。对自我能力的判断过于自信的消费者，通常不太愿意寻求外部资讯的协助，即使此举可能会影响更好的决策品质。为了避免"邓宁—克鲁格效应"的干扰，消费者必须保持谦逊的心态，并察觉到自己在某些领域的局限性，多多向专家和经验丰富的人士寻求建议和协助，将有助于自己作出更明智与更理性的决策。

单纯曝光效应

"单纯曝光效应"（mere exposure effect）是另一种显著影响消费者心理的认知偏误。"单纯曝光效应"是指人们对经常重复接触的事物容易产生正面观感的倾向，即使此种接触是在无意识之下进行的。对于消费者而言，"单纯曝光效应"足以影响他们对品牌的认知与偏好程度。传统的广告研究指出，持续在各行销媒体与网络上大打广告的品牌或产品，有助于建立品牌知名度和熟悉度，进一步导致目标客群对之产生正面的观感。为了减轻"单纯曝光效应"的可能误导，消费者可以在作出消费决策之前详尽地寻找各种资讯，并列出一系列的选择集合（choice set），以帮助个人作出更明智的选择。

狄德罗效应

"狄德罗效应"（Diderot effect）是另一种可能影响消费者心理的认知偏误。"狄德罗效应"又称为"配套效应"（matching effect），是指新购的物品可能会引发后续连锁性消费，从而导致购买额外的物品来匹配当初新购物品的趋势。植根于消费心理的"狄德罗效应",毫无疑问地足以影响消费者的购物决策。例如,当消费者购买新衣服后,他们可能会觉得需要购买配套的配件或鞋子来塑造完整的外形。"狄德罗效应"被广泛运用于行销上,以鼓励消费者增加购买的品项和数量。为了抵抗"狄德罗效应"的诱惑,消费者必须评估不在计划清单中的额外购买品项是否真正有其必要性,同时购物前设定明确的购物清单,将有助于消费者避免陷入"狄德罗效应"所带来的无止境消费循环。

总之,认知偏误会显著影响消费者的决策过程,从影响消费者如何过滤资讯以符合他们先前信念的"确认偏误",到基于单一正面特质而影响品牌整体认知的"光环效应",这些偏见都可能会导致消费者作出不当的决策。行销人员可以利用这些认知偏误来影响消费者的购买决策;另一方面,消费者可通过理解这些认知偏误在决策过程中的角色,以增强自己的判断能力。消费者如能充分意识到这些偏见,将有助于个人作出更明智的选择,避免落入非理性和不佳决策的直觉陷阱。

第 1 章

定锚效应（Anchoring Effect）
——杀价时先下手为强！

"定锚效应"（anchoring effect）是指消费者在作出决定时过度依赖他们所收到的第一条资讯以作出判断的倾向。例如，如果某家商店一开始以较高的价格出售产品，然后进行打折促销，则消费者有可能认为折扣后价格很划算，即使该店的最终价格仍然高于或等于其他商店的正常价格。此种手法经常在促销期间被广泛使用，以影响消费者对商品价格的看法。

从心理学的观点来看，"定锚效应"属于一种认知偏误（cognitive bias），它使得消费者在评估选项时过度依赖他们所收到的第一笔资讯，进而影响个人作出决策的方式。由于消费者经常在市场上遇到各种各样的选择，此种心理现象对消费者行为具有重大影响。

定锚效应实验

2002 年诺贝尔经济学奖得主丹尼尔·卡尼曼（Daniel Kahneman）和艾默士·特沃斯基（Amos Tversky），率先提出了"定锚效应"以说明消费者在决策中常犯的认知偏误。他们在 1974 年发表于美国《科学》（Science）期刊中一篇标题为"不确定性下的判断：捷思法和偏见"（Judgment under Uncertainty: Heuristics and Biases）的文章中，作了一个有关于"定锚效应"的有趣实验：

受试者被要求转动一个幸运轮盘，上面有 0 到 100 的数字，然后回答两个问题：

1. 非洲国家在联合国的比例，比你刚才转出的数字大还是小？

2. 非洲国家在联合国的比例，你的估计比例是多少？

轮盘上旋转的随机数字影响了受试者对两个问题的答案。如果旋转出的数字较高，受试者往往会对非洲国家在联合国的比例作出较高的估计；而假使旋转出的数字较低，则会导致估计值较低。也就是最初旋转出的随机数字会被视为锚点，使受试者随后的判断产生偏差。

可得性捷思法与恰感差量

简单地说，"定锚效应"是由于我们的大脑处理资讯和作出判断的方式而发生的认知偏误。人们常常会不由自主地以第一个接触到的资讯来当作"参考点"（reference point），或者说是"锚点"（anchor point），用以衡量后续资讯的价值；特别是在面对复杂的决定或模棱两可的情况时，我们的大脑通常依靠捷思法（heuristics）来得出更快速的结论。此外，由于人类先天的不理性之故，锚点可能发生在任意时间或地点，只要锚点一旦形成，它便会显著影响个

人对后续资讯的认知与评估。例如，在评估产品的价值时，厂商的
建议售价常常被消费者视为锚点，当作评估该商品之价值与品质的
线索（cue）。然而，此一现象经常会由于厂商刻意地操弄售价，而
造成消费者作出不当的判断。

从本质上来看，"定锚效应"是通过多重心理机制的交互作用
而产生的。首先，由于天性之故，人类对于外界的刺激经常是采取
认知怠惰的处理方式，也就是在面对决策时，特别是针对非重要
性的决策，大脑常常会默认走认知捷径来减少认知负荷（cognitive
load）。而锚点恰巧就提供了此种认知捷径，使大脑免于花费过多
的认知心力（cognitive effort）。不仅如此，锚点会一直保持在内心
深处，并持续影响后续的决策评估，即使此一锚点未必与后续必须
处理的决策相关。

此外，"可得性捷思法"（availability heuristics）更加剧了"定
锚效应"；也就是说，当消费者面对庞杂无章的资讯时，会善用手
边可撷取的资讯当作锚点作出后续判断的基准，以减轻认知负荷的
压力。

相信大家都有去大卖场购物的经验吧？在卖场货架上常常能看
到标示着原价的白色标签和标示当前特价的黄色标签，标示原价的
目的就是希望消费者能够把原价当作参考点，再与现在特价的价格

比较，以感受到价格的折扣。可惜的是，许多卖场的原价和特价差异十分小，令消费者感受不到厂商的降价诚意。例如，原价200元，特价195元。此时原价200元被当作是参考点，但是由于"恰感差量"（Just Noticeable Difference, JND）的不足，"定锚效应"恐无法发挥作用。

让我们来看看什么是"恰感差量"？德国物理学家韦伯（Ernst Weber）在1834年提出了"韦伯法则"（Weber's Law）来说明"恰感差量"。他注意到，当增加原始刺激强度时，第二个刺激需要增加更大的强度，才能让人们察觉到这两个刺激之间有差异。而此种让人感受这两个刺激有差异的最小差异量，即"恰感差量"。而且，无论原始刺激的强度如何，此种关系都成立。

"韦伯法则"的公式是：K=（ΔI/I）。K代表常数，此一常数会随着各种感官的不同而有所不同，也就是说听觉、味觉、嗅觉等的K值可能都不同。ΔI代表要产生"恰感差量"所需要刺激强度的最小差异量，而I则指原本的刺激强度。以前面大卖场的例子套用"韦伯法则"来看，K=（200−195）÷200=0.025，远远低于"恰感差量"一般所需K=0.1的数值。因此即使"定锚效应"存在，亦不足以让消费者对降价有感。

"定锚效应"的核心关键在于原始资讯的重要性，因为最先呈现的资讯往往在消费者的脑海中占据着最重要的主导地位，会被消费者牢牢地记住，并在后续的消费决策中被赋予更多的权重，也就是扮演了更具决定性的角色。而且当消费者评估相对于锚点的后续资讯时，往往会根据此一"初始参考点"（initial reference point）进行调整，但这些植根于初始参考点而对于后续资讯所作出的调整，由于权重不如初始参考点，往往造成调整的幅度不足，最终造成判断失准。

定锚效应可以帮助消费者与厂商作出更明智的决策

如前所述，厂商在运用折扣手法时经常会加入原价作为定锚，让消费者自行作出原价vs.特价的对比，以营造出超值优惠的感觉。我们来看个实际的案例：

有个在职EMBA班的学生在一次和我闲聊时，向我大吐苦水，抱怨今年外销灯饰的生意不如以往，他摸不着头绪的是，款式与品质都与去年相仿，而且价格比去年更加优惠，但为何订单数量不如去年？我请他把今年的产品DM（Direct mail，快讯商品广告）拿给我看一下。我看了一眼DM，便发现可能的问题点：只见该DM上仅以红字标示今年的优惠价，并未见到去年的价格。我便告诉他应加上去年的售价，他不解其意，于是我便告诉他，加上去年的售价之用意，在于让去年的售价成为参考点，让消费者感受到今年的售价确实比去年划算。他照做之后果然业绩有所提升，连忙不迭地向我致谢。这便是"定锚效应"实际应用的一个真实案例。

想必许多人都有杀价经验吧？杀价基本上是一种买卖双方心理斗智的过程，但不要以为杀价是中国人的独门绝活！我有一次在香港旺角的通菜街（俗称"女人街"），亲眼见到外国人利用计算机和老板讨价还价！在杀价场景中，"定锚效应"可以显著影响最终的成交价格。杀价过程中提出的第一个报价为后续还价过程中奠定了基础，通常率先提出报价的一方会占据将价格导向对自己有利的优势，也就是"先下手为强"的概念！因为先报价的价格通常会被当作锚点，后续出价的一方通常不可避免地只能根据这一锚点进行出价。

虽说率先出价的一方（通常是卖方的既定价格）具有先天的价格优势，但买方并非只有招架之功而无还手之力！在杀价的过程当中，买卖双方各自拥有潜在的锚点优势。

当卖方为产品或服务的价格设定为较高价时，此时较高的价格会被视为是锚点，可能会导致更高的最终成交价格，也就是"卖方优势"（seller's advantage）。如果是在冲动性购买的场景中，消费者通常缺乏认知资源（产品知识、时间、心力）去搜索相关的产品资讯，只能根据最初卖家所设定的高定锚加以调整并出口还价，如此一来通常是卖家会得到较有利的结果。

相反地，若买方能做到内心一片空明，对卖家的报价无动于衷，反而在杀价时以自我标准提出极低的出价时，便形成了向下的锚点，也就是取回了价格的主动权，也就是"买方优势"（buyer's advantage）。此时，成交考量会迫使卖方根据买方的出价而作出价格退让的调整。如此一来，便可能会给买家带来较为有利的结果。

除了日常的逛街购物之外，人生中最重要且金额最大的交易恐怕非房地产交易莫属。试想一下，如果你今天打算买房，是否往往是通过房屋中介的网站或DM去过滤符合本身条件的物件？此时房屋中介的网站或DM上的价格便形成了价格的定锚，也就是卖方优势的价格锚点。中介便会以当初的挂牌价格为后续的价格谈判定下基调，若是买方无法善用时机取回买方优势的锚点，很有可能便被中介一路牵着鼻子走，最后得到的价格不尽理想。

"定锚效应"不仅出现在价格比较的情境，也常见于产品比较的场景。消费者在评估多种品牌的同一种产品时，所遇到的第一个品牌可能会被当作参考点，而发挥定锚的作用，也就是把第一个品牌的各种属性和价格的综合属性当作指标，据以对后续其他品牌作出相对性的评估。因此，各品牌展示在消费者面前的顺序，也会影响消费者的偏好。

"价格vs.品质"也很容易被消费者当作锚点，作为判断是否购买的依据。例如，高档或奢侈品可以作为消费者主观评估同类其他产品的基准。一般消费者都有"一分钱，一分货""价格愈高，品质愈好"的迷思，也就是误把主观的"认知品质"（perceived quality）当作价格的锚点。消费者习惯性普遍认为高档或奢侈品的品质卓越，并以价格作为品质认知的线索（cue），而据以认为其他产品由于价格较低所以品质较差，即使客观差异很小。我有位女性友人经常把随身的iPad、手机、电脑等物品一股脑地全放进号称NeverFull的名牌包中，我有一次便笑着说道："就算是精品品牌也不能违反物理原理啊！"

锚点在巩固消费者认知方面扮演了极度重要的角色。高档奢侈品的品牌可以以现有的产品类型作为锚点，并发展出品牌延伸（brand extension），进而影响消费者对该品牌旗下所有产品的看法。例如以钢笔起家的万宝龙（Mont Blanc）推出男性服饰配件（例如，皮带、皮夹），与以香水精品起家的香奈儿（Chanel）推出女性手表。消费者应该注意的是重视该品牌的本业产品，勿让品牌锚点随厂商起舞，以免作出不理性的购买决策。

　　了解"定锚效应"可以帮助消费者作出更明智的决策。为了减轻"定锚效应"所带来的潜在负面影响，消费者不妨采用"反定锚"的作法：也就是不要把单一产品当作唯一的锚点，多考虑其他替代品并同时列为锚点彼此比较，如此可以帮助消费者避免来自单一参考点的偏颇影响。更加釜底抽薪的做法便是完全忽略定锚，以个人的标准去重新评估选项，如此便可以减少"定锚效应"的影响。

　　"定锚效应"是探讨消费者认知偏误中不可忽略的一个重要议题，它对塑造消费决策产生了重大影响。以宏观的视角来看，"定锚效应"有助于我们了解认知偏误和人类不理性判断的成因。通过了解"定锚效应"背后的心理机制，消费者和行销人员都可以描绘出更明智、客观和深思熟虑的决策前景。

基本心法

为了抵消"定锚效应"的认知干扰，消费者可以通过网络来比较心仪商品的市场行情，并且降低冲动性购物（impulse buying）的欲望。借由考虑多种替代性商品选择和价格范围，消费者可以避免受到他们所遇到的第一条资讯的过度影响。

第 2 章

稀缺性效应（Scarcity Effect）
—— 物以稀为贵？

Chapter 02

商品的稀缺性（scarcity）和消费者的"错失恐惧"（Fear of Missing Out, FOMO）心态具有密不可分的关系。如果消费者认为某种产品的数量或机会有限，他们就更有可能因一时冲动而购买该产品。稀缺性会让消费者产生一种心理压力，引发对错过机会的恐惧，而此种错过机会的感受，便代表了消费者可能会丧失获得"好康"[1]的机会，对消费者而言是一种实质或心理的损失。例如，限量版产品、限时优惠或"售完即止"等广告口号，无一不运用了"稀缺性效应"以鼓励消费者不要再三心二意，把握有限的机会迅速采取购买行动。

稀缺性效应的定义与研究

"稀缺性效应"（scarcity effect）是一种心理现象，描述了当消费者认为某一商品供不应求或可能有钱也买不到时，消费者如何认知和评估该商品是否应该立即下手购买。"稀缺性"原本是古典经济学（classical economics）中的一个基本概念，描述了市场之供给需求量所决定的价格水准：当市场的供给量低于需求量时，便会造

1　编辑注："好康"在闽南语情境中表示"好""幸福"之意，在此处也表示
　　"促销""优惠"的意思。

成商品稀缺性，使得商品价格上升。但随着20世纪"行为经济学"（behavioral economics）的兴起，对"稀缺性"的探讨远超出了原本古典经济学所涉猎的范畴。

在消费心理学和行为经济学的领域，"稀缺性效应"就像一座高耸的摩天大楼，为个人在面临选择时所需作的决策投下阴影。"稀缺性效应"植根于人类对稀有的物品抱有害怕失去的本能，此种人性的弱点会促使消费者放弃"系统性思考"（systematic thinking），迅速采取购买行动，以确保能购买到稀有或具有独特产品利益的商品。

从经济学的观点来看，"稀缺性效应"的概念源自人类需求与有限资源供给之间的紧张关系。而从心理学的论点观之，此种紧张关系已不仅限于单纯的供给需求现象，而是涉及了供给不足所造成的心理压力。由行为经济学宗师艾默士·特沃斯基（Amos Tversky）和丹尼尔·卡尼曼（Daniel Kahneman）所主张的"稀缺性效应"，强调随着资源或产品的数量日趋稀少，不仅是市场价格会随之升高，消费者对该商品的主观认知价值和需求往往反而会提升。由于这一观点涉及了错综复杂的心理决策机制，因此为个人评估选项的过程增加了几许复杂性。

关于"稀缺性效应"最著名的研究，是史蒂芬·沃彻（Stephen

Worchel）在1975年进行的一项实验。实验情境是为受试者提供罐装饼干：一个罐子里有10块饼干，另一个罐子里则有2块饼干。研究结果显示，受试者更喜欢罐子里只有2块的饼干，尽管两个罐子里的饼干是完全一样的！因此我们可以推论：当某样物品很稀有时，它就变得格外诱人，无论物品本身原本的价值如何。心理学家早就指出，如果你能让某种物品显得稀有，那么它就会更受欢迎。

"稀缺性效应"会放大物品的认知价值（perceived value），无论其原本的效用或品质如何。其背后的心理机制是由于稀缺性会引发急迫感和竞争感，消费者更倾向于把稀缺性的物品赋予更高的主观价值，无论是奢侈品或日常生活用品均无不同。例如，各厂商经常运用限量版商品的手法来蓄意限制供应量，借以利用稀缺性来制造出消费者"此时不买，遗憾终生"的恐慌心态，并借此将自家商品由纯粹的功能性物品，提升为地位和身份的象征。

错失恐惧

"稀缺性效应"与"错失恐惧"具有密不可分的关系。"错失恐惧"被定义为"一种普遍的担忧，即其他人可能会获得有利的经历，而自己却未能躬逢其盛"，它的特性是渴望与他人正在做的事情不会脱节。简而言之，"错失恐惧"描述了当人们相信其他人正在享受自己未能参与的正面经历或有利机会时所产生的焦虑或不安。网络兴起之后，反而愈来愈多人感到强烈的社会疏离感，因而害怕受到社会孤立。"稀缺性效应"在某种程度上便利用了消费者此种对社会疏离感的恐惧，诱使消费者立即采取行动，以避免错过限时或限量优惠、独家产品或独特体验。

然而，"错失恐惧"并非仅止于此，它也隐含了所谓的"不对称控制"（asymmetrical control），也就是人们总是在追求不易或无法拥有的东西。例如，有一项关于"错失恐惧"的有趣研究，该研究向一群女性受试者展示了一位大众梦中情人的照片。其中一半的女性被告知该男子是单身，另一半则被告知他正在恋爱中。结果显示，有59%的女性表示她们有兴趣与该名单身男子交往，但当她们后来被告知该名单身男子已有对象时，这个数字跃升至90%！这一实验再度证明，如果某样东西是稀有的，我们就会更加害怕失去而想要拥有。

连古希腊哲学家亚里士多德（Aristotle）也注意到了稀有性是一种有趣的现象，他曾说：

"这就是为什么只有在很长的一段时间内才会出现在我们面前

的事物是令人愉快的，无论是一个人还是一件事。因为它与我们以前的情况有所不同，而且，只有在很长一段时间内未出现的人、事、物才具有稀有的价值。"

在消费情境中，"稀缺性效应"可以通过多种方式表现出来，其中一种最常见的行销手法便是限时优惠，也就是某品牌通过短期促销产品或服务来营造时间急迫感。限时优惠让消费者产生在优惠到期前迅速采取行动的动力，以免错过获得优惠的机会。但如果实际贩售的时间过长，那么原本喊出的"稀缺性"反而会丧失价值，消费者就会变得因过于习惯而视而不见了。

以前台湾地区台北市衡阳路有一家鞋店，一年四季都标榜着"租约到期，结束营业清仓大拍卖"，结果历经数年仍在营业，久而久之消费大众就对之视若无睹且无感了。除了限时优惠以外，限量优惠也是一种利用"稀缺性效应"的行销手法。但曾经有一项关于零售业的研究指出，如果店内贴有"特价"标签的商品超过全店商品总数的30%，此时"稀缺性效应"的吸引力就会降低。

也许很多人不知道台湾地区的电视购物频道十分具有可看性，无论从娱乐性（厂商与购物专家经过排练的杀价戏码）与商业性（加量不加价、限时限量等行销手法）的角度观之均如此。特别是电视购物频道中的限时限量优惠活动，搭配倒计时的秒表声音，以及库存数量快速下降的告示牌，无一不牵动着观众的心弦，仿佛声声呼唤着要观众赶快采取购买行动，以免错过最后的优惠活动而遗憾终生……可以说是把"稀缺性效应"与刺激消费者的"错失恐惧"发挥到淋漓尽致。

厂商对稀缺性效应的运用

除了一般消费品之外，奢侈品和高档商品领域也常常运用"稀缺性效应"。例如，奢侈品牌通常会限制其产品的生产数量或销售通路，借此营造出排他性和稀缺性的氛围。接着，我们便来看看爱马仕（Hermès）的铂金包如何运用"稀缺性效应"来营造出"精品中的精品"的消费者认知：

对于很多女性消费者而言，拥有一个奢侈品牌铂金包（Birkin）是一辈子的终极梦想。铂金包背后所隐含的不只是财富和地位的象征，甚至许多明星名人也以此为傲。铂金包的平均价格大约是6万美元，虽然要价不菲，但这个价格对于有钱人而言，只不过是一个零头数字而已。所以价格并不是重点，关键是铂金包并非单纯一次性砸钱就能买得到的，据说必须先累积购买相当于一个铂金包价格的配件或其他商品，才有资格排队列入铂金包的等候名单之中。

　　一般而言，厂商都希望上门的顾客络绎不绝，理应不会有厂商嫌自己生意太好而把顾客往门外推，一定是肯掏钱购买的顾客越多越好，但爱马仕则另辟蹊径。爱马仕对于铂金包采取了两大行销主轴：超高定价与塑造出商品的稀缺性。

　　除了顶级价格之外，消费者想买到铂金包的平均等待时间大约为二到四年，拜此种策略所赐，爱马仕的铂金包成为财富和地位的象征。根据爱马仕的官方说法，等待时间会这么久，主要是因为铂金包是由法国本地的工匠手工生产，再加上生产铂金包的皮革之产量也有限。姑且不论这种说法是否为真，但确实创造出了市场上的稀缺性，靠着人为打造出的稀缺性，以及设定顾客购买资格的高门槛，该品牌成功地塑造出唯我独尊的顶级奢华品牌形象。

　　奢侈品品牌并非运用"稀缺性效应"的少数特例。不少消费者愿意为高档商品支付溢价（premium price），也就是付出比购买一般商品更高的价格，因为他们将稀有性与高价和社会地位画上等号。例如，限量版奢华时尚单品或具有收藏价值的奢侈品，通常采取限量发行的行销手法，通过对消费者营造稀缺感，以打造出尊贵的品牌形象。对于高所得消费者而言，拥有稀缺或独特的商品已成为他们向他人展示自己身份地位和品位的一种方式，这种心态更进一步强化了"稀缺性效应"。

除了实体的商品之外、体验服务的行业对"稀缺性效应"的运用也不遑多让，"稀缺性效应"可以促使消费者付费参与独特或独家的体验活动。例如，音乐会、体育赛事或特别表演的门票往往是有数量限制的，此种"稀缺性效应"对于渴望获得席位的粉丝来说具有强大的吸引力。举例而言，每年许多知名歌手的演唱会都造成抢购热潮，甚至买不到票的歌迷在网络上购票而遭到诈骗的新闻事件也时有所闻，由此可见稀缺性的威力！此外，在旅游行业中，"稀缺性效应"也被充分运用，例如在年度的台北市旅游展中，各大旅行社或航空公司大推限时旅游优惠和限时抢购，造成消费者经常不假思索地预订旅行团或机票，以避免错过优惠折扣价。

然而，厂商必须十分谨慎，不要过度滥用"稀缺性效应"，因为如果不真正执行"售完不补、逾时恢复原价"或"限量商品绝不再版"的承诺，可能会导致消费者对该品牌的承诺产生怀疑，厂商可以通过对其产品的供应情况保持透明化，并确保"售完不补"等稀缺性声明的真实性来解决这些问题。

此外，厂商可以利用"稀缺性效应"作为客户保留和提高品牌忠诚度的工具。通过向忠实客户提供独家奖励或专属福利，厂商可以为VIP客户营造出排他性和高人一等的优越感。

　　最后，"稀缺性效应"还有另一个值得探讨的面向，便是它对冲动性购买行为所造成的影响。当消费者遇到商品的限量或限时优惠时，他们可能更容易因一时冲动而作出不理性的冲动购买决策；也就是说，"稀缺性效应"所造成的心理压力（psychological stress），可能会凌驾于消费者的理性决策过程之上，导致他们根据捷思法下的情感和即时欲望采取行动。然而，厂商还必须注意到消费者冲动性购买的潜在后遗症，例如消费者的购后悔恨或不满。为了降低冲动性购买所产生的风险，并维系与消费者日后长久的关系，厂商可以提供消费者降低风险的作法，以让他们在购买之时无后顾之忧，例如，提供无理由退货政策或退款保证。通过向消费者保证"不满意无理由退款"，厂商可以把"稀缺性效应"发挥至极大化。

基本心法

为了抵消"稀缺性效应"的影响，消费者可以练习批判性思维和培养独立决策的能力，不要太易受厂商宣称数量或时间有限的影响。过度依赖厂商所提供的意见可能会导致不理性的冲动性决策，结果可能作出与个人偏好和需求不符的选择。

第 3 章

选择超荷效应（Effect of Choice Overload）
—— 多未必好！

Chapter 03

"选择超荷效应"（effect of choice overload）又称为"少反而好"效应（less-is-better effect）。虽然有众多选择通常是一件正面的事情，但过多的选择可能会让消费者不知所措并导致决策瘫痪。当面临过多选择时，消费者可能难以作出决定而导致决策递延（decision deferral），或是对最终的选择感到不满意。厂商可以通过为消费者提供数量适当的选项，并采用明确的决策辅助工具来优化其产品，借此减少消费者面临选择过多而产生的负面观感。

选择超荷效应起源与研究

在互联网信息时代，消费者不断受到资讯、广告和产品推荐的信息轰炸，使得他们难以过滤掉垃圾讯息并作出有意义的选择，大量的资讯可能会导致消费者脱离现实并被资讯淹没，反而导致他们可能选择逃避作出决策。"选择超荷效应"是一种心理现象，它描述了过多的选项如何导致消费者决策困难，甚至决策瘫痪。当面临大量选项可供选择时，消费者可能会发现很难作出决定，从而导致压力、焦虑和不安感。

"选择超荷"起源于人们的认知资源（cognitive resource）不足以处理现有资讯，也就是心理学上所谓的"认知负荷过重"

（cognitive overload）。"认知负荷"是一个多元性的概念，它包括 "心智负荷"（mental load）和"心力"（mental effort）。当面临待处 理的资讯过多使得个人难以处理，或缺乏足够的认知资源时，人们 的认知负荷就会增加。心理学家已经指出，高度的认知负荷会促使 人们依赖直觉（intuition），或是采取"周边路径"（peripheral route） 中的捷思法（heuristics），而不是"中央路径"（central route）中的 系统性分析（systematic analysis）去处理资讯。换句话说，当人们 处于高认知负荷的情况下，可能会采取捷思法，而非系统性的讯息 处理方式。

　　心理学家希娜·艾扬格（Sheena Iyengar）和马克·莱珀（Mark Lepper）曾做过一项有关于"选择超荷"的消费心理研究：他们在 一家食品卖场进行了一项实验，向顾客展示了果酱样品。在第一 个场景中，他们展示了6种口味的果酱，但在另一种场景中，他 们展示了24种口味的果酱。尽管24种口味的果酱之选择性较多， 但当可选择的果酱只有6种时，顾客购买的可能性却高出10倍之 多。此一研究和随后关于"选择超荷"的研究都揭示了，过多的 选择可能会导致消费者产生决策疲劳，评估和比较替代方案所需 的超额心力变得难以承受，因此常常会出现所谓的"选择困难症" （decidophobia）。为了避免发生选择困难，消费者可能会选择默认选项（default choice）、决策递延或逃避选择（choice avoidance）。

厂商对选择超荷效应的应用

"选择超荷效应"可能会对品牌绩效产生重大的影响。通常品牌厂商可能会试图向消费大众提供多元化的产品，以满足不同类型消费者的喜好。然而，过多的选择可能会适得其反，导致消费者满意度下降和购买欲下降。为了解决选择过多的负面影响，厂商必须策略性地思考所欲推出的商品种类与数量。例如，策划选择并提供一组种类数目较小但更专精的选择集合（choice set），以满足特定消费者的需求和偏好，也就是走所谓的"利基市场"（niche market）路线。此种方法可以简化决策过程，使消费者更容易评估选择并作出决定。

另外一种作法则是，厂商还可以在其网站上设计决策工具和条件筛选器，以帮助消费者根据特定标准缩小选择范围。例如，以提供价格范围、产品功能或客户评级作为条件加以过滤，使消费者能够根据本身的需要而作出选择，以减轻选择过程中的认知负荷。

此外，厂商可以利用大数据的演算法，也就是根据消费者之前的购买行为和偏好来推荐产品或服务。个性化推荐可以帮助消费者找到相关的选择，并减轻筛选大量选项的心智负担。例如购物网站在消费者进入结账页面之前，会贴心地提醒从前买过该项商品的其他消费者，同时也会购买哪些商品。通过这些推荐清单，不但可以减轻消费者的认知负荷，也有助于提高单笔交易的销售金额，可说是双赢策略。

除了决策疲劳之外，"选择超荷"也可能会导致消费者采取"选择递延"的措施。也就是当面临令人眼花缭乱的众多选择时，消费者可能会延迟作出决定或完全避免作出决定，此种选择的递延可能会导致厂商失去商品立即销售的机会。

厂商可以通过实施减少消费者所需的认知心力以促进决策的策略，来解决消费者选择递延的问题。例如，提供限时促销或特别优惠可以营造一种急迫感，以鼓励消费者尽早作出决定。此外，厂商可以提供决策辅助和资源，例如产品比较、客户评论和专家建议，帮助消费者作出更符合本身需求的选择，也就是通过预先提供必要的资讯，以便于让消费者更有信心地作出决策。

此外，"选择超荷效应"也可能与其他的消费者认知偏误产生交互作用，例如"现状偏误"（status quo bias）和"禀赋效应"（endowment effect）。"现状偏误"是指个人倾向于选择现状而不是冒险作出改变。当面临众多商品可供选择时，消费者可能会因为

"选择超荷"而产生选择困难症，因此更倾向于坚持他们原本熟悉的商品或品牌，而不是试图冒险选择未曾尝试过的替代品，也就是借由品牌惰性（brand inertia）来回避新商品的众多选项。厂商可以通过产品创新来激励消费者尝试特定的新产品或服务，并减少可供选择的商品种类，以消除或降低消费者的现状偏误。同时，厂商可采取限时优惠或免费试用的作法，以降低消费者所感受到的选择风险，进而勇于尝试选择不同的新商品或新品牌。

同样地，"禀赋效应"会导致个人高估自己已经拥有的物品，再加上面对大量替代品时所形成的"选择超荷"压力，这些都会影响消费者拒绝接受新商品或新品牌，再加上"禀赋效应"的催化，让消费者认为他们当前使用的商品或品牌，会比其他替代品更令人心安和更有价值，即使客观上情况并非如此。厂商可以采取的具体作法，便是通过强调其产品或服务的独特卖点（unique selling proposition, USP）来克服"禀赋效应"，使本身的商品或品牌在竞争中脱颖而出。关键点在于厂商若能提供明确的价值主张，并展示该商品如何满足消费者的特定需求，将有助于消费者减少"选择超荷"的困扰，进而作出有利于该品牌的购买决策。

"选择超荷"也与消费者满意度和购买后评价具有相关性。当消费者面临众多选择并最终作出选择时，如果后来发现其他更理想的选择，他们可能会感到后悔。为了减少消费者的决策后悔，厂商可以专注于提供卓越的客户体验和售后服务。确保消费者能够获得资源和协助来发挥商品的最大效益，有助于提高消费者满意度与减少购后后悔的可能性。

此外，厂商可以利用"选择超荷效应"来设计顾客忠诚度计划和客户保留策略。通过简化选择并向忠实客户提供独家优惠或专属的奖励措施，厂商可以创造出消费者的品牌承诺（brand commitment），并培养出长期的品牌忠诚度。

在线上零售的背景下，"选择超荷效应"的影响尤其明显。电子商务平台通常提供具有众多选项的广泛产品清单，此举无疑催化了消费者"选择超荷效应"的产生，让消费者更踌躇不前难以作出选择。厂商可以设计出使用者友好的条件过滤界面，帮助消费者更轻松地找到他们需要的商品。此外，通过即时聊天或聊天机器人提供客户支援，也有助于消费者摆脱"选择超荷效应"并轻松地作出决策，且创造出更加个性化的购物体验。

不仅如此，消费者的"选择超荷效应"也会受到厂商定价策略的影响。提供多种不同价位产品线或捆绑销售的品牌，也可能会无形中让消费者茫然不知所措，加深了选择困难症。举例而言，某品牌的牙膏产品线依其功能可分为五种：

1. 专业抗敏护龈：亮白配方、一般、清凉薄荷。

2. 速效修护：亮白配方、一般。

3. 长效抗敏：牙龈护理、清凉薄荷、多元护理、温和高效净白、深层洁净。

4. 专业修复抗敏：一般、清凉薄荷、亮白配方。

5. 强化牙釉质：加倍沁凉、亮白配方、学龄儿童专用配方。

细数该品牌牙膏的五大功能产品线，共涵盖十余种商品种类，除了学龄儿童专用配方之外，恐怕会对于厂商分别赋予清楚的品牌定位造成挑战，消费者在选购抗敏牙膏之际，势必会陷入天人交战，因为太多的商品选择会激发消费者的"选择超荷效应"，而不知如何选择。

选择超荷效应实例

再看一个例子，许久之前我有一位在职EMBA硕士班的学生于台北市的安和路开设一家西式餐厅，有一次上完课后他向我求救：

"老师，可不可以麻烦您帮我分析一下为何餐厅生意不好？餐厅的装潢、食材、口感、地点，甚至服务品质，来用餐过的客人均表示不错，且价位也属合理。但生意始终无法进一步地开展，维持在不上不下的阶段，虽然没有亏钱，可似乎也没赚到钱。可否从消费心理学的角度帮我分析一下？"

我对餐厅的经营管理并不擅长，因此请他把餐厅的菜单拿给我看一下。当我看到菜单之后，我发现了其中可能的关键所在：

"在你的菜单中，每位消费者必须从开胃菜、沙拉、面包、主食、汤品，以及饭后甜点当中各选一种当作自己的专属套餐。此种立意虽然很好，也就是每个人都可以拥有为自己量身打造的套餐。但你有没有发现些问题？"

"我的饮料、前菜、沙拉、主食和饭后甜点，都有很多不同的选项可以让顾客作选择，应该没有问题才对啊！"他回答我。

"没错！你的问题就是出在这些地方！"

"你自己看一下，你的饮料、前菜、沙拉、主食和饭后甜点，都各有将近10种选项可供选择。乍看之下似乎很好，对吗？"我露出微笑。

"是啊，让顾客有更多选择不是更好吗？而且为了要让顾客有更多的选择弹性，我厨房的食材备料还必须更加多元，这些对我而言都是成本哩！"他说。

"因为你餐厅的地点是在商业办公区，如果我没猜错的话，你的顾客大多是商业客户居多吧？也就是通常不会是顾客一个人来用餐。"我问。

"对啊!"他回答。

"既然是商业客户而且不是单独前来用餐,那么他们的重点可能就未必是餐点是否具有极高的多样性,社交应酬顺便用餐才是他们的目的。你看一下你的饮料、前菜、沙拉、主食和饭后甜点,每一种都有将近 10 种选项。换句话说,他们只是要和商业客户谈生意,聚餐并非主要目的,却要从这 50 种选项中选出 5 种自己中意的菜色或甜点。在并非以用餐为主的情境下,要他们作出此种选择,似乎远远超过了一个人的认知负荷能力与意愿!"我告诉他。

"有道理!"他似乎若有所悟。

"很多人以为,我给他人的选择越多,对方应该越会越高兴,但事实上并非如此。太多选项可供选择,只会造成他们在认知负荷上造成困扰,也就是心理学上所谓的认知超荷(cognitive overload)。"我补充说明。

后来他的菜单菜色经过简化调整,减少了饮料、前菜、沙拉、主食和饭后甜点可供选择的数量,果然生意大有起色。

从以上的商业实例可以看出,厂商以为提供产品多样性会让消费者有更多选择的机会,殊不知只会给消费者带来认知负荷,反而制造了选择障碍。为了因应这一挑战,厂商可以简化其产品线内容，并清楚地传达每种商品之间的功能性差异，以便于消费者不费吹灰之力便能作出购买决策。

"选择超荷效应"并非一种非黑即白的现象，该效应的强弱可能会因消费者的个人喜好和所处的消费情境而异。虽然有些消费者可能喜欢有众多选择的备选方案，但另一些消费者可能会觉得众多选择让人感到眼花缭乱和无所适从。厂商不妨通过副品牌来提供定位不同的产品线系列，以满足不同目标群体的需求，如此应可有效地降低让消费者感到困扰的"选择超荷效应"。

基本心法

　　厂商以为提供产品多样性会让消费者有更多选择的机会，殊不知只会给消费者带来认知负荷，反而制造了选择障碍。消费者在面临众多选择时，应该先扪心自问自己真正需要的商品是什么，勿被众多商品不同的特性牵着鼻子走，如此方能避免"选择超荷效应"的干扰。

第 4 章

损失厌恶效应（Loss Aversion Effect）
——失大于得

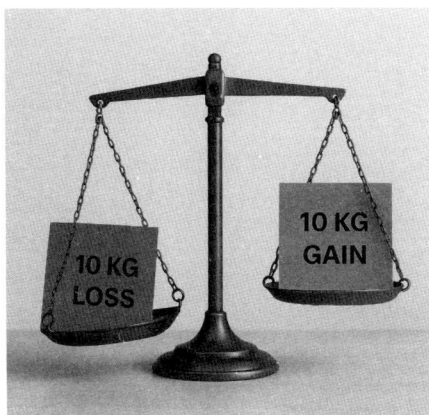

Chapter 04

"损失厌恶"（loss aversion）是指对于同等价值的物品而言，消费者害怕"失去"的程度会比"获得"更为强烈。企业可以利用这一概念，将促销和折扣定位为"省钱"，而不是"花钱"，以迎合消费者避免损失的心态。

损失厌恶效应的定义与例子

"损失厌恶效应"是一种基本的认知偏误，它描述了个人如何倾向于更重视避免"损失"（loss）而不是获得等价的"收益"（gain）。它是一个深深植根于行为经济学的概念，对消费者决策、购买行为和整体价值认知具有重大影响。"损失厌恶"基本上植根于"展望理论"（prospect theory）——是由美国心理学家丹尼尔·卡尼曼（Daniel Kahneman）和艾默士·特沃斯基（Amos Tversky）于20世纪70年代所提出的心理模型。根据"展望理论"，人们的选择是由相对于"参考点"（通常是现状或当前状态）的得失来决定的。

"损失厌恶效应"认为，人们对"失去"的痛苦比"获得"的快乐更强烈，导致他们在决策中采取规避风险的方法。从消费心理的层面来看，"损失厌恶效应"对消费者如何评估和对各种选择、产品和促销优惠是否作出正面的回应具有深远的影响。一言以蔽之，消费者在作出购买、投资和其他经济活动决策时，消费者往往更重视潜在损失而不是潜在收益。

让我们来看一个例子：

想象一下，你已投资 1 000 元购买一只表现良好的股票。几个月后，该股票的股价已上涨到 1 500 元。然而，因突发性的利空消息影响，市场转而低迷，股价跌至 1 250 元。尽管你从初始投资中获得了 250 元的利润，但你依旧会感到损失，并且可能会因为担心进一步损失而想要出售股票。此一决定是因为消费者受到"损失厌恶效应"与参考点的影响，也就是对失去 250 元收益（把最高股价 1 500 元当作参考点，贬值到目前的 1 250 元）的失落感或厌恶，可能会比获得 250 元收益（把初始投资的 1 000 元当作参考点，升值到目前的 1 250 元）的愉悦感更为强烈。

除了投资等商业行为之外，在日常生活中也会有"损失厌恶效应"的情况发生，也就是等价的"损失"会比"获得"的冲击性更强烈。试想一下：

你遗失 1 000 元与捡到 1 000 元，哪一种情境带给你的心理影响更大？也就是捡到 1 000 元的高兴程度与遗失 1 000 元的伤心程度相较，两者均取绝对值，无论正面（高兴）与负面情绪（伤心），你是否会感觉到遗失1 000元的伤心"程度"比捡到1 000元的高兴"程度"更大?

如果把遗失和捡到的金额提高到10 000元,你是否会感到两者的冲击程度差距更大?

再看另一个例子:厂商也常利用"损失厌恶效应"来吸引消费者上钩。想象一个你打算购买智能手机的场景。现在你在两家手机店看中同一款手机:第一家店的价格为原价33 000元,今天特价29 700元,也就是打九折;另一家店的价格便是29 700元,没有任何折扣。尽管两种情况消费者所付出的最终价格相同,但许多人往往更倾向于去第一家店购买。因为他们认为与第二家店相比,第一家店提供的折扣对于消费者而言是一种收益,若放弃这一折扣便形成一种收益面的损失,即使消费者最终支付的价格并无不同。

当消费者考虑购买产品时,他们可能会更加关注如果产品达不到他们的期望,或产品利益无法兑现时所造成的损失。这种对损失的关注,可能会导致消费者在购买时更加谨慎和犹豫,尤其是对于高价或高涉入(high involvement)的产品。厂商不妨通过强调消费者如果不选择其产品可能遭受的潜在损失作为诉求,以强化"损失厌恶效应"来达到行销效果。也就是以"负面框架"(negative framing)的陈述方式来强调不拥有该产品的负面后果,以创造出消费者害怕失去利益的恐慌感，并激励消费者采取购买行动。例如，强调限时优惠或独家优惠的行销活动，可以引发消费者对错过折扣机会的恐慌，并营造出一种在失去优惠机会之前赶快进行购买的心理急迫感。

损失厌恶效应的应用及对消费者的影响

此外，"损失厌恶效应"也会影响消费者对定价的评价和价值认知。在考虑商品的价格时，消费者可能更关注现在购买可以少花多少钱，因为多花钱对于消费者而言便是一种潜在损失。厂商可以通过"保证全年最低价"与"买贵退价差"等价格保证，以减轻"损失厌恶效应"。

"损失厌恶效应"还会影响消费者对价格变化和促销的反应。例如，消费者可能会抵制他们经常购买的产品的价格持续上涨，因为他们认为与以前购买的价格相比，现在必须付出更高的价格方能购得，这对于消费者而言无疑是一种损失。举例而言，台湾地区台南市某一知名咸粥店因声称成本上涨之故，近年来多次将招牌料理的价格连续调涨，造成许多网友抵触，甚至愤而到网络平台评论狂刷一星负评。虽然价格的制定取决于自由市场的机制，厂商本来就有作主的权利，顾客若认为价格不合理，大不了不要上门光顾即可。但若从经营的角度来看，一个有历史传承的业者，若不思建立自己的品牌文化与特色，每次均以食材成本上涨为借口而行涨价之举，也难怪消费者的"损失厌恶效应"会发酵，而采取群起抵制的行为。

另一方面，消费者可能容易受到价格折扣和促销的引诱而上门消费，因为他们察觉到省钱和避免错过"好康"的机会。厂商不妨利用"损失厌恶效应"带给消费者的心理效应来设计有效的促销策略，例如提供限时折扣，或捆绑产品以创造高附加价值的感觉。

例如，百货业的年中庆与双十一档期，向来是从业者的兵家必争之地，无论是实体或是电商业者，无不摩拳擦掌地想要在这一档期创造出高业绩，于是琳琅满目的促销讯息接踵而至，常常让消费者眼花缭乱，最常见的手法便是"满千送百"与"对折出售"。然而，从消费者"损失厌恶效应"的观点来看，厂商如何设计出能让消费者感受到"此时不买，遗憾终生"的损失厌恶感，恐怕还有很长的一段路要走。

"损失厌恶效应"在消费者对厂商所推出的忠诚度计划和奖励计划的反应中也很明显。厂商可以通过推出顾客忠诚度奖励计划来善加利用消费者的"损失厌恶效应"，该计划通常会强调客户如果未经常性购买达到兑换奖品的累积点数，就会失去消费者渴望的奖品或专属权益。例如，各大航空公司均有推出"飞行常客计划"，通过长期购买该航空公司的机票并累积飞行里程，在达到某一标准之后可以兑换免费机票或舱等升级。

近年来累积点数兑换的成功案例，可看看台湾地区最大连锁超市2016年所推出的集印花换购WMF锅具活动。该活动所换购的WMF商品包括经典餐具组、儿童餐具组、多用途煎锅火锅、快易锅等七款锅具餐具。结果在为期四个月的集点换购活动中，原本预估消费者将会兑换2万个锅具组，但是最后档期结束后，统计换购的数量竟然高达22万个，几乎相当于WMF一年的全球销售数字！为何这次的集点换购如此成功？主要归功于该锅具品牌的卓越影响力和口碑，此项商品对于主要客户群体中老年女士们有致命的吸引力，在活动推出之后立即造成集点换购热潮。有鉴于此，在2021年2月两商家再度合作，推出超高档的WMF厨房小家电，以最低大约市价1.5折的价钱便可换购一系列的九种厨房小家电，包括烤面包机、电动煮蛋器、舒肥慢炖锅Pro、不锈钢不粘平底锅、压力锅等。

集点换购活动并不是新的行销招数，这两次的集点换购活动之所以能够造成热潮，最重要的原因就是换购的商品对于目标客户具有极高的吸引力，因此让消费者对活动商家产生极高的"顾客黏着度"（customer stickiness）。许多其他厂商所推出的换购活动，标的物本身缺乏强烈的吸引力，自然无法引起集点换购热潮。因此厂商选择集点换购标的物的时候，首要考量的便应是该兑换品是否对于目标客户具有高度的吸引力？唯有对于目标客户具有强烈的吸引力，才会造成消费者的"损失厌恶效应"，有助于进一步强化厂商的业绩。

消费者的"禀赋效应"与"现状偏误"也可能与"损失厌恶效应"挂钩，因为消费者可能由于认为换购或升级商品会造成潜在的损失，因而不愿意放弃他们目前所使用的商品。厂商可以通过陈述新商品所具有的产品利益（例如提供更加优异的功能、节省成本或增强便利性），并且不会造成消费者过多的损失，以激励消费者进行以旧换新或升级现有商品，解决"禀赋效应"与"现状偏误"的干扰作用。

损失厌恶效应对各种层面的影响

"损失厌恶效应"不仅会发生在个人消费决策上，组织决策也可常见到"损失厌恶效应"的身影。在"企业对企业"（B2B）的商业环境中，决策者在评估潜在供应商或是否要更换合作伙伴时，也可能会表现出损失厌恶的倾向。B2B 买家在作出购买决定时可能会更加谨慎和规避风险，权衡本身的财务投资、机会成本，以及对其业务的潜在负面影响方面的潜在损失。B2B 的卖家可以通过简明扼要地提供有关其产品或服务的优势，以及潜在投资回报的明确性资讯，以消弭 B2B 环境中的"损失厌恶效应"。

　　损失厌恶的影响也可能与消费者当地的文化和社会因素有关。在某些文化中，可能存在更强烈的规范或禁忌，反对冒险或面临潜在的损失，从而导致对损失厌恶的程度更加明显。进军不同文化市场的厂商必须对这些差异保持敏感，了解当地文化规范和价值观，有助于厂商调整其资讯呈现的方式，以与当地消费者产生情感共鸣，并克服潜在的损失厌恶情绪。

　　"损失厌恶效应"不仅影响个人决策，而且对整个经济和社会可能也具有更广泛的影响。此种认知偏误影响的范围，不仅限于消费者购买商品和服务的行为，还可能包含财务决策、投资选择，甚至公共政策。例如，在财务决策中，"损失厌恶效应"可能导致消费者作出次优选择，特别是在管理投资和储蓄方面；举例而言，消费者可能会犹豫是否出售目前处于亏损状态下的投资，但又因为会担心出售后市场行情反弹回升，造成无谓的损失，因而迟迟不敢作出决定。金融服务行业的从业者可以通过提供投资组合多元化、风险管理等服务，以帮助消费者克服对潜在损失的厌恶，并作出更明智的决策。

在储蓄行为的背景下，"损失厌恶效应"也会影响消费者对不同储蓄选项的选择。例如，消费者可能更偏爱低风险、低回报率的投资选项，以避免潜在的高风险造成损失，虽然投资报酬率较高的投资标的物可能更适合他们的长期财务目标。金融理财行业的从业者可以通过为消费者提供了解风险和回报之间权衡的分析，从而降低消费者的"损失厌恶效应"。

"损失厌恶效应"也会对公共政策和政府决策产生影响。政策制定者在设计与税收、社会福利和公共支出相关的政策时，可不能忽略消费者对潜在损失的厌恶。例如，前段日子消费券的话题如火如荼，原本依据有关部门规划是每个人缴纳1 000元现金可以获得价值5 000元的消费券，最后确定不必缴纳1 000元每人即可获得4 000元的消费券。我们便以这一话题来探讨一下"损失厌恶效应"。

假使发放消费券的方案有两种：一种是缴纳1 000元现金可获得价值5 000元的消费券；第二种是不必缴纳现金直接给予每位民众4 000元的消费券。换句话说，这两种方案让每个人在扣除成本之后都可以获得价值4 000元的消费券（在第一种方案下，每个人的实际收入是 5 000 - 1 000 = 4 000 元，而在第二种方案下，每个人可获得的收入是 4 000 - 0 = 4 000 元）。乍看之下，这两种方案的实际获利都是 4 000 元，但是大家心里的感受恐怕有非常大的出入。我们便以"损失厌恶效应"的观念来做如下分析：

在第一种方案下，每个人所付出的 1 000 元代表了损失，虽然这 1 000 元可换回价值 5 000 元的消费券。但根据心理学中"负面偏误理论"（negativity bias theory）的说法，账面上等价的负面事物的权重永远高于正面事物。也就是说，虽然每人多了一笔天外飞来的财富 5 000 元，但是付出的 1 000 元会被视为一笔损失；而这 1 000 元心理价值的损失，背后所代表的意义远超过 1 000 元的货币价值。简而言之，大家会主观地产生一种心理错觉：在此方案下，他的实际收入小于 4 000 元，以数学式加以表示便是：-1 000 + 5 000 < 4 000。但在第二种方案下，由于不必付出任何成本，不会造成任何损失，大家所感觉到的实际收益也就等于 4 000 元（-0 + 4 000 = 4 000）。因此，一般大众当然比较青睐第二种方案。

从以上的各种应用场景可知，"损失厌恶效应"是一种无所不在且影响深远的心理认知偏误。身为现代的消费者，不可不重视这一现象，以便在日常生活决策中能作出明智的抉择。

基本心法

　　为了减轻"损失厌恶效应"的影响，个人不妨通过突出潜在收益而不是损失的方式来面对现有的选项，以便转移"损失厌恶"的焦点。鼓励理性分析（例如成本效益分析）的决策框架，可以帮助个人客观地作出评估，也就是依据决策的实际优点和缺点客观地评估决策，有助于作出更加平衡和理性的选择。

第 5 章

心理账户效应（Effect of Mental Accounting）
——偏心心态？

Chapter 05

人类的心灵是一个迷宫般的领域，错综复杂且具有多面性，人类的思想、情感和行为在此相互交织，引导后续的行动。在这幅错综复杂的情境中存在着"心理账户"（mental accounting）现象，它是一种具有偏差性的心理认知机制，对消费者如何认知、分类和最终作出决策具有深远的影响。

心理账户效应的定义及研究

古典经济学的论点指出，人类所有的行为决策，其出发点都是为了在有限资源的情况下尽力获取最大的利益；并且，古典经济学主张，货币本身是具有流动性的，在无外力干扰的前提下，货币在不同账户之间可以互相流通，价值或购买力也不会因此改变。

古典经济学之父亚当·史密斯（Adam Smith）曾在《国富论》（*The Wealth of Nations*）一书当中提及所谓的"一只看不见的手"（an invisible hand），这一说法被后世视为古典经济学核心思维之所在。"一只看不见的手"意指在假设无外力干扰的前提之下，自由市场内的供给和需求会自然而然地达到均衡状态（equilibrium），价格与数量都会达到最适水准（optimum level），仿佛市场运作背后受到一股无形力量的牵引，因此被称为"一只看不见的手"。

就像是古典经济学上所谓的"一只看不见的手"一样，"心理账户"也是以无形的方式存在于许多人的心中，并且是以不着痕迹的方式运作，使人们不自觉地作出非理性的行为。

然而，行为经济学家对古典经济学的观点提出了异于传统的看法，他们认为"完全理性"（perfect rationality）事实上并不存在，人们顶多拥有的是"有限理性"（bounded rationality），"心理账户"便是最有力的证明。"心理账户"现象是由著名行为经济学家理查德·塞勒（Richard Thaler）所提出的，它揭示了个人赋予金钱价值以及如何划分财务资源的复杂方式，这一方式跳脱了传统经济学理论假设"人类行为是基于理性出发"的观点。理查·塞勒于1999年发表在《行为决策期刊》（*Journal of Behavioral Decision Making*）中一篇名为"心理账户举足轻重"（Mental Accounting Matters）的文章中，曾作了一项实验，此实验的目的在于研究个人如何根据"心理账户"对不同的资金来源进行分类和差别对待。根据塞勒教授的观点，"心理账户"是指个人倾向于根据资金来源或其用途等因素，将其财务资源分类到不同的心理账户中，而不是将所有资金视为一笔完整的资金且可以互相替代。

在该实验中，受试者被给予不同的场景，他们从不同的来源获得不同数量的资金。例如，他们可能收到的金钱是礼物、奖金或工资。研究结果发现，即使资金相同，受试者通常也会以不同的方式对待这些来源。也就是说，受试者更有可能随性地从某些特定的心理账户中消费于某些用途。例如，从意外之财（像是礼物）所获得的钱，通常用于购买可自由支配的物品；而来自固定收入的钱，则更有可能被用于储蓄或低风险的投资。

不仅如此，研究结果还发现，与工资收入相比，受试者更有可能把来自奖金的金钱随意花掉，即使金额相同。另外有趣的是，受试者更倾向于用意外之财账户中的资金，而非主要收入来源的资金，用于投资高风险的财务方案。

"心理账户"的核心观点是指个人将其财务资源划分为不同心理类别（或者说是"账户"）的过程，每个类别都有自己的一套规则、偏好和情感。在"心理账户"的制约下，每个人对于各种金钱的来源和用途会予以分门别类，并且不允许互相流用。当某一账户内的金额用罄，基本上不会以总金额的概念，从别的账户省下来的钱流用到余额不足的账户，因为此举会破坏各心理账户之间的排他性（exclusiveness）。

想象一下，假设你收到了一笔 10 000 元的退税，如果依照古典经济学的理论来看，你应该将这笔意外之财视为你整体财富的增加，无论其来源出自何处。然而，在"心理账户"的催化下，你可能会采取不同的财富分配作法。例如分配 4 000 元来买个心仪已久的按摩坐垫，3 000 元作为娱乐基金，剩余的 3 000 元存入储蓄账户。每一项分配都是基于个人的财务资源所隐含的心理分配过程，而此种分配过程通常取决于消费者对各种收入或支出来源附加的一组心理标签。这些标签可能会受到金钱的来源（例如，薪水、奖金、彩票）、花费的时间范围（例如，眼前的开支、长期目标）或所附加的情感意义的影响。这些标签虽然是无形的，但却在塑造消费心理与后续行为方面发挥了巨大的力量。简而言之，"心理账户"影响个人如何看待金钱的价值与规划支出的优先顺序，并有助于形成财务习惯。

行为经济学与古典经济学在货币观点上最大的歧义，在于"心理账户"账户中的金钱是不具有彼此替代性的（irreplaceability）——亦即账户内的金钱是不可互相流用的，并且具有效用（utility）上的差异性。尽管从本质上来看，金钱具有可互换的性质，但"心理账户"中的金钱会根据消费者主观所划分的心理标签，而被赋予其不同的属性，而不同属性的金钱背后的性质与效用是不一致的，因此无法互相流用。例如，捐献给慈善团体的 1 000 元可能会被认为与娱乐预算中的 1 000 元具有不同的价值与效用。也就是说，等价的金钱在不同用途上会被视为具有不同程度

的效益。在消费的情境下，此种现象可能会导致非理性行为的
发生。

心理账户效应之案例

让我们来看一个例子：假使你今天去拉斯维加斯出差，朋友邀
请你参与抽奖活动，试一下手气，结果你幸运地赢了 3 万元，相当
于你一个月的加班费。另外一个情境是，你婉拒了和朋友的邀约，
回去之后努力工作加班，因而获得了加班费 3 万元。请问你在哪种
情况之下会比较愿意将这 3 万元随兴花掉作为犒赏自己的奖励？

我猜测大部分的人都会比较愿意把抽奖赚到的 3 万元拿去消
费，自己辛苦工作所获得的加班费 3 万元却比较不舍得随便花掉。
从古典经济学的观点来看，不论是意外之财的 3 万元还是辛苦工作
所获得的 3 万元加班费，其背后的货币价值并无不同，具有相同的
购买力，那为何这两种情境却会有截然不同的花费意愿呢？

从理性观点来看，如果把 3 万元的意外之财省下来，也许下个
月就不用这么辛苦地工作去赚取这 3 万元的加班费，不是吗？但是
从行为经济学的"心理账户"观点来看，所获得的意外之财 3 万元
是被划分到"天外飞来一笔"的心理账户的，但是辛苦工作所获得

的3万元加班费却被划分到"辛苦工作所得"的心理账户，两笔资金的货币价值与购买力虽然相同，但是由于来源性质不一样，所以人们对于这两笔资金所赋予的权重并不相同，也因此会产生不同的价值感。也就是说，"辛苦加班所得"的3万元之心理货币价值，远大于抽奖的3万元，"Easy money, easy go"正是"心理账户"最佳的写照。

　　与"禀赋效应""损失厌恶效应"和"展望理论"等概念一样，"心理账户"也隶属于行为经济学中一个重要的观念，而且可能与上述这些效应互相呼应。例如，"禀赋效应"解释了为什么个人会仅仅因为拥有某些物品之后而赋予它们更高的价值；"心理账户"通过增强对分配给特定类别资金的拥有感，而放大了"禀赋效应"的效果，这可能会导致决策不理想。例如你每个月习惯将收入的一部分放在定存，另外一部分放在基金投资，今天你的银行理财专员劝说你将定存解约，将定存金额改为全数投入于基金投资之上，此刻你除了可能会担心基金投资的风险之外，也会因"禀赋效应"所造成对定存的拥有感，而不敢贸然采取行动。

　　如前所述，"损失厌恶"（loss aversion）可说是"展望理论"（prospect theory）的中心思想，它认为个人对损失的痛苦比同等程度的快乐更为强烈；"心理账户效应"会导致消费者将某一特定心理账户中的损失与另一不同心理账户中的损失相较，以作出何种损失更加令人不悦的认知。例如，你因不小心遗失皮夹内的 3 000 元，会比你买贵商品多花 3 000 元更加痛苦，尽管损失的数字在客观上并无不同。

再看一个例子，今天是连续假期的放假日，你打算出门去欣赏盼望已久的女歌手在台北小巨蛋的演唱会，但出门之际你才发现你原本购买的价值 5 000 元的演唱会门票遗失了。此时你可以选择仍然前往小巨蛋，到达现场之后再购票（假设在仍买得到票，且价格一样的前提下），只是必须再多花 5 000 元的门票入场费用。第二种情境是：你已经出门在去听演唱会的路上，并打算现场购买一张 5 000 元的演唱会门票，但当你正准备进入地铁站时，你突然发现你的交通卡不见了，里面有你昨天才储值的 5 000 元交通费，此时，你会继续前往参加演唱会吗？

在第一种情境之下，应该很多人便会放弃再去购买一张 5 000 元的演唱会门票，因为对于你而言，为了参加演唱会，门票的成本变成 10 000 元，这可能超出你每个月的娱乐预算。但是在第二种情境之下，相信许多人还是会选择前往欣赏演唱会，因为遗失价值 5 000 元的交通卡，对于你而言只是交通费账户内的损失，与你的娱乐账户并无直接相关性。

同样的问题又产生了，你遗失的无论是演唱会的门票或是交通卡，所损失的货币价值都是 5 000 元，为何你看待这同等价值的 5 000 元却截然不同？这无非是"心理账户效应"在引导你作出错误而不理性的决策。

再者，即使是在同一项目的"心理账户"之下，人们对于"子账户"下的重视程度也会有所不同。就以送礼行为来看，同样隶属于"送礼开支"账户下，但送礼对象的子账户不同，人们关注重视的程度也可能有所不同：通常送礼给别人会比买礼物送给自己更加谨慎，特别是在该礼品具有较高不确定性之时，例如刚上市不久的新产品。此种心态可解读为送礼给别人之时，万一产品有瑕疵的话，恐怕会失礼，而且对别人感到不好意思；但如果是买礼物送给自己，则顶多是摸摸鼻子自认倒霉，不会有失礼的问题存在。因此，即使是同一"送礼开支"账户内的 3 000 元开支，也会因为"送给他人"和"送给自己"的子账户不同，而受到不同程度的重视。类似的情况也可推论于"送给好朋友"和"送给一般朋友"的子账户内。

总之，"心理账户"是认知、情感和财务之间错综复杂关系交织的呈现。人类的思维在简化复杂决策的内心驱动之下，产生了一个指导财务行为的心理分类系统，此系统背后运作的逻辑通常超越

了理性的经济理论范畴。"心理账户"充分反映在个人储蓄、消费、
投资和应对金融波动的方式上，通过了解"心理账户"的运作模
式，厂商和消费者等都可以深入了解人类心理的内部运作机制，以
使决策更加明智。

基本心法

　　"心理账户"是指个人倾向于根据资金来源或其用途等因素，将其财务资源分类到不同的心理账户中，而不是将所有资金视为一笔完整的资金且可以互相替代。要避免"心理账户效应"的干扰，消费者仍应回归古典经济学中的"总效益"（total utility）观点，也就是把所得与开支视为可互相流动与替代的资产，勿自行划分至不同的"心理账户"，如此方能作出理性的决策。

第6章

首因效应 vs. 近因效应
（Primacy Effect vs. Recency Effect）
——旧不如新或新不如旧？

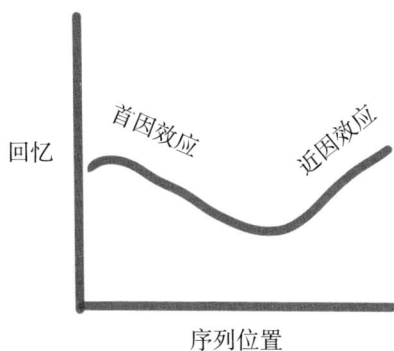

回忆

首因效应

近因效应

序列位置

Chapter 06

"首因效应"（primacy effect）与"近因效应"（recency effect）又合称为"序列位置效应"（serial position effect），此一效应主张，相较于出现在中间顺序的资讯，消费者倾向于更关注或记住最先出现的资讯（"首因效应"）或最后出现的资讯（"近因效应"）。在广告实务中，厂商通常会争取把广告放在电视、广播或网络直播节目中场广告时间的开头或结尾，以大幅度地提高消费者对广告的记忆力。

首因效应和近因效应之定义与研究

"首因效应"和"近因效应"是影响消费者处理和记忆资讯方式的两种认知偏误。此种偏见对行销、广告和沟通策略具有重大影响，因为它们塑造了消费者主观的看法和可能的不理性决策。"首因效应"又称为"第一印象效果"（first impression effect），是指人们倾向于记住并更重视相关类别中第一个出现的资讯。当消费者遇到一系列物品或资讯时，第一个出现的事物或资讯往往会在他们的记忆中留下更强烈、更持久的印象，也会对后续的认知处理与行为意图造成更大的影响。这是因为初始资讯更容易被关注，并予以加工处理，由于印象深刻，也不易被后续资讯超越或覆盖。即使后续的资讯十分突出，人们也会习惯性地把初始资讯当作参考点，以评估后续资讯的本质。即使前后资讯的本质或内容不一致，人们也比较倾向于相信初始资讯。

从心理学的观点来看，"首因效应"中的初始资讯率先出现之时，容易在人类的脑中形成"基模"（schema），也就是当作先入为主思想的心理结构，当个人接触到相关的新资讯时，会把新资讯与此基模中的初始资讯作快速的对比，以决定是否接受新资讯。但比较常见的情况是，人们倾向于注意符合现有基模的新资讯，也就是"选择性注意"（selective attention）；对于与基模中初始资讯有矛盾的新资讯，通常会被诠释为例外，或是蓄意加以扭曲其含义。也就是说，除了在少数的情况下，基模通常是处于不动如山的状态。

美国社会心理学家索罗门·阿希（Solomon Asch）曾作过一个关于"首因效应"的实验，他将受试者分为两群，实验过程中他用六个形容词来描绘某一个人的性格，第一群人所看到的形容词依序是：聪明、勤奋、冲动、爱批评、顽固、嫉妒；而第二群人所看到的形容词之顺序恰巧相反，依序是嫉妒、顽固、爱批评、冲动、勤奋、聪明。研究结果显示，对于被描绘的人物，第一群人比第二群人抱持更正面的看法，而第二群人比第一群人抱持着更负面的看法；也就是说，第一群人更容易受到正面形容词排序在前的影响，而第二群人则更易受到负面形容词排序在前的影响。

首因效应，先下手为强

现在请各位凭直觉回答下列三个问题：

1. 世界最高峰是哪一座？

2. 第一个登陆月球的宇航员是谁？

3. 哪一个品牌推出了世界上第一部智能型手机？

如果你的答案分别是珠穆朗玛峰（埃非勒士峰）、阿姆斯特朗、苹果。恭喜你，只有第三题答错！那再请问世界第二和第三高峰分别是哪座山？

我想很多人都答不出来吧？上述的问题只说明了一个现象：人们通常只对"第一"有兴趣，而且印象最深刻。"初恋永远最美"这句话可说是"首因效应"最好的写照。

大多数厂商对于品牌营销似乎不太擅长，特别是将"首因效应"应用在品牌定位上。用最口语的方式来说，"首因效应"在品牌定位上的操作就是"先喊先赢"与"先下手为强"。接着再请看下面的例子：

请问哪一个洗发露品牌率先标榜具有去头皮屑、止痒的功能？

如果你的答案是宝洁（P&G）代理的海飞丝（Head & Shoulders），或是美国品牌"仁山利舒"（Nizoral），那么很可惜都不正确！

其实率先标榜去头皮屑与止头皮痒的洗发露，是台湾地区的某一洗发露品牌。为何这么说呢？海飞丝于1985年才进入台湾地区市场，距今不到40年的时间，但是该洗发露品牌却已经标榜去头皮屑、止痒的功能长达50年之久，而且目前在各大卖场仍然有贩售。

但为何大多数人都以为海飞丝才是第一个标榜去头皮屑、止痒功能的洗发露，并且对它的品牌定位留下了深刻的印象？答案便是"首因效应"。消费者会觉得第一个如此宣称疗效的品牌，必然是最好的商品，因此如果有头皮屑的困扰，第一个想到的就是海飞丝。本土厂商由于对品牌行销所知有限或是不懂得如何善用行销，常常空有优异的产品功能却不知善加利用，因而错失抢占市场定位的先机，殊为可惜！要知道品牌定位法则有一项永恒不变的定律："谁率先进入市场并不重要，关键在于谁率先进入消费者的脑海之中。"

在消费心理的背景下，"首因效应"对于品牌和行销人员在设计产品发布、广告活动甚至零售店布局时具有极关键的地位。也就是说，在推出新产品或新品牌时，向消费者提供的初始资讯对于塑造他们的"基模"十分重要。一开始就让消费者对产品进行正面的体验和联想，有助于让消费者对整个品牌产生更有利的看法。

就产品包装而言，消费者与货架上的产品互动的最初几秒钟，可能便会对他们的主观认知和购买意愿产生深远的影响。因此，厂商必须确保包装设计的吸睛度，在商品包装上有效地传达产品的主要卖点，最好能一击命中消费者的痛点，以利用"首因效应"让消费者留下正面且深刻的第一印象。

此外，在广告领域当中，通常消费者接触广告的前几秒便已定下"生死"，因此广告如何在一开始便能吸引消费者的注意力，并让他们留下深刻的印象，便成为十分重要的课题。无论是电视或是网络广告，厂商经常在广告开头使用令人难忘的歌曲、流行语或引人注目的视觉效果，以利用"首因效应"并创造出强大的品牌特色。

在电子商务网站等网络环境中，"首因效应"也在消费者的网页浏览和决策过程中扮演了关键性的角色。电子商务从业者必须技巧性地设计其产品页面，确保将最关键和最有说服力的资讯放置在网页顶部，以最大限度地提升"首因效应"对消费者的影响力。

首因效应与近因效应

相对于"首因效应"，"近因效应"也是一种认知偏误，当消费者遇到一系列资讯时，最后一个资讯由于不会被后续资讯所淹没，因此往往更容易被记住，并且可能对他们的决策产生重大的影响。

涵盖"首因效应"与"近因效应"的"序列位置效应"，可以用阿特金森·希夫林记忆模型（Atkinson Shiffrin memory model）来加以解释。该模型说明记忆可分为三个阶段：感官记忆（sensory memory）、短期记忆（short-term memory）和长期记忆（long-term memory）。当人们接触到一系列资讯时，第一个出现的资讯较有可能从感官记忆转移到短期记忆，并受到更多的关注和处理。这些资讯有可能被进一步地储存在长期记忆中，因此获得更好的记忆度和保留，也就是"首因效应"。同样地，当一系列资讯结束之前，此系列资讯中的最后一个资讯在短期记忆中仍然处于记忆犹新的状态，因而更容易回忆（recall），也就是"近因效应"。至于一系列资讯中的中间资讯，则有可能受到其他众多资讯的干扰，因此可能无法受到太多的关注，也较不易被编码到长期记忆中。

在消费者连续接触一系列资讯的情况下，"近因效应"尤其重要。例如，在网络购物的情况下，由于消费者可能会接触到具有相似功能和价格的多种商品，容易产生资讯疲劳或麻痹的现象，之前所接触到的商品资讯，很容易因消费者的认知资源不足而造成遗忘或忽略；"近因效应"会让最后浏览到的产品，对消费者的最终决策产生更重大的影响。

在电视、广播或网络广告中，厂商常常运用所谓的"三明治式广告"来强化广告效果。"三明治式广告"是指当广告进档之后，第一个 A 广告播完之后，后面常常会接着 B 广告，但 A 广告的广告主会担心原本的"首因效应"被稀释，因而刻意在 B 广告播完之后再重复播出一次 A 广告，试图运用"近因效应"来强化"首因效应"的广告记忆度。此种"A—B—A"的广告模式，被称作"三明治式广告"。

总结来看，"首因效应"和"近因效应"在记忆和认知心理学领域都得到了广泛的研究。这两种效应都是"序列位置效应"的一部分，它指的是一系列资讯中各资讯呈现的序列位置（serial position），如何影响消费者的认知和记忆强度。

了解"首因效应"和"近因效应"可以帮助品牌和行销人员设计出更有效的广告策略，以强化消费者的认知与记忆。通过策略性地将关键资讯和最具说服力的资讯放置在一系列资讯的开头和结尾，有助于大幅度地提高消费者记忆和正面决策的概率。"首因效应"和"近因效应"应用的层面十分广泛，例如在公开演讲中，若能通过引人入胜的开场白开始（首因效应），并以强烈或令人难忘的结束语作为结束（近因效应），不但可以吸引听众的注意力，而且可让听众留下深刻的印象。

首因效应与近因效应的商业运用

让我们来看一个例子：想必大家都有参加旅行团的经验吧？除非是高价的旅行团，不然一般中低价位的旅行团不太可能全程住五星级的饭店，一日三餐也不太可能均是在高级餐厅内享用山珍海味，这不外乎是由于旅行社成本的考量。但是不知道大家有没有发现一点，那就是在整个旅游行程当中，最前面的一两天和最后面的一两天通常住宿饭店的等级比较高，而且饮食也比较精美或是餐厅比较高级？这是由于旅行社想要在旅程的前一两天留给参团的消费者比较正面的印象（也就是创造出"首因效应"），以便日后吸引消费者能再参加该旅行社的国内外旅游行程；在最后一天旅游行程结束之际，通常出团的领队或导游，会发给大家一张有关于此次旅游的意见回馈表。最后一两天的较高档住宿和精美饮食，有助于让参团者在意见回馈表上作出比较正面的回应（也就是创造出"近因效应"）。通过"首因效应"和"近因效应"的交叉运用，消费者极易留下良好的第一印象，并留下旅程结束前美好的记忆，消费者对该旅行社的忠诚度于焉形成。

此外，在零售场景中，商家可利用"首因效应"和"近因效应"来设计商店陈设和产品摆放。由于"首因效应"之故，商家如果将受欢迎或高利润的商品放置在商店入口处，可以增加商品被购买的概率。同时，在货架走道尽头或邻近结账柜台出口陈列打折产品，可以因"近因效应"而鼓励消费者在离开商店之前进行冲动性购买。

"首因效应"和"近因效应"也会影响消费者如何处理价格资讯。在比较产品或作出购买决定时，消费者很容易会受到他们遇到的初始价格和最终价格的影响。例如，如果消费者首先看到高价商品（首因效应），然后看到价格较低、但品质功能相去不远的替代品（近因效应），由于价格参考点之故，他们可能会认为第二种商品更具CP值吸引力。厂商便可利用这种效应来推广某特定商品或制定价格策略：首先在卖场陈设价格较高的旗舰商品，然后展示功能品质相去不远，但价格较为亲民的非旗舰商品（其实是厂商的主力商品），将可能引导消费者作出购买厂商主打商品的决策。

然而，厂商必须斟酌如何在"首因效应"和"近因效应"之间取得平衡，以避免过多的资讯淹没消费者。此外，消费者接触资讯到作出决策的时间距离，也会影响"首因效应"和"近因效应"的效果。当资讯呈现和决策或回忆任务之间存在显著的时间差之时，"首因效应"和"近因效应"的效果可能会减弱，甚至会化为乌有；例如，如果消费者最近看到一系列关于某商品的广告，但却要几周之后才需作出是否购买的决策，如此一来，"首因效应"和"近因效应"对于消费者的决策影响力，可能就变得微乎其微。

此外，每个人的记忆强度和认知过程天生的差异，也会影响"首因效应"和"近因效应"的效果。简而言之，有些消费者比较容易受到"首因效应"的影响，而另一些消费者可能更容易受到"近因效应"的影响。厂商在设计广告策略时应考虑到此种个体差异性，并根据目标客群的特定偏好和需求，量身定制更具吸引力的第一印象和难忘的消费者体验，通过"首因效应"和"近因效应"的交互运用，达到提高消费者满意度和忠诚度的终极营销目标。

基本心法

要克服"首因效应"和"近因效应"的影响，确实是一项很艰巨的挑战。消费者不妨利用《直觉陷阱：30种关键心理效应，让我们摆脱认知偏误，拥有理性与感性》一书中所提到的"费雪宾模式"（Fishbein model），可以帮助自己以更加科学化的方式去分析资讯，无论其出现的先后顺序如何皆可理性判断。

第 7 章

单纯曝光效应（Mere Exposure Effect）
—— 愈看愈喜欢?

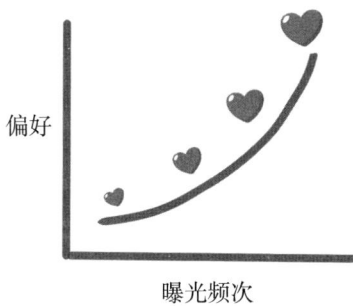

Chapter 07

"单纯曝光效应"（mere exposure effect）说明了消费者倾向于对他们经常接触的产品或品牌，产生心理学上所谓的"非理性偏好"（irrational preference）。让商品不断地重复曝光于消费者的视线范围内，有助于消费者增加对该商品或品牌的熟悉感和正面观感，使消费者更有可能加以选择，而非选择其他不太熟悉的品牌。

单纯曝光效应之定义与研究

"单纯曝光效应"，也称为"熟悉原理"（familiarity principle），是一种心理现象，描述了人们不断重复暴露于特定外在刺激下，如何导致对该刺激产生正面观感或偏好增加。从消费心理的层面上加以观察，此种效应在消费者对品牌、产品和行销资讯的态度方面，具有举足轻重的角色。

波兰裔的美国心理学家罗伯特·札荣茨（Robert Zajonc）在1968年首次提出了"单纯曝光效应"的研究，他进行了一系列实验来研究刺激重复曝光与喜好度之间的关系。在这一堪称经典的研究中，他向受试者出示了一系列不熟悉的外国语言单字，每组被要求看的次数不等，其中部分受试者的次数高达二十五次，然后要求他们猜测这些单字是偏向正面还是负面的意义。研究结果显示，看到次数最多的受试者愈倾向于认为该单字偏向正面意义。

　　这一研究发现已被扩充应用到其他各种外在刺激，包括图像、声音、面孔和品牌名称。"单纯曝光效应"指出，无论外在刺激的实际属性为何，仅依赖熟悉度就可以让人们产生正面的态度。

　　"单纯曝光效应"背后的关键机制之一是"处理流畅性"（processing fluency）的概念。"处理流畅性"是指大脑处理和理解外在资讯的顺畅程度。当资讯刺激因反复接触而变得熟悉时，大脑就会更易于处理，而这种处理的容易性会导致人们对该刺激产生正面的观感或偏好。心理学的研究指出，相对于处理难度高的刺激，易于处理的刺激通常会被视为更令人愉快和更具有吸引力。

　　此外，处理流畅性可能会受到重复率、讯息曝光的持续时间以及刺激呈现的场景脉络等因素的影响；例如，高重复率或更长的曝光持续时间，往往会提高消费者对资讯的处理流畅性，进而产生更强的"单纯曝光效应"。

　　让我们来看一个例子：大家应该都有追剧的经验吧？当你开始看一部连续剧时，无论是韩剧、日剧、泰剧，对于片头一开始的主题曲，第一次听的时候也许觉得没什么感觉，说不上好听或不好听，但随着观看集数的增加，聆听该首主题曲的次数增加，你可能会发现主题曲怎么愈听愈好听了？但音乐还是原来的音乐，你也还是原来的你，那为何会有这种前后不一的感受呢？别怀疑，这就是"单纯曝光效应"之功！

"单纯曝光效应"还证明了重复的刺激即使本身毫无意义或无关紧要，由于不断重复出现之故，它仍然可以导致喜好或偏好的增加。例如，在另一项心理学实验中，受试者接触到一系列随机出现的图像，有些图像比其他图像重复的次数更加频繁，然后受试者被要求评估对各种图像的喜爱程度。研究结果显示，受试者认为重复的图像更讨人喜欢，尽管它们不具有任何的文字或图像意义。这一发现凸显了重复曝光在塑造消费者偏好和态度方面的重要性。

厂商对单纯曝光效应的应用

"单纯曝光效应"对品牌实务和广告也具有重大的影响力。对于厂商而言，通过在行销活动中融入一致的品牌元素和资讯传递，例如重复广告歌曲、品牌标志和标语等品牌元素，可以增强消费者对品牌的熟悉度和处理流畅性，也就是强化了所谓的"洗脑"功能，进而影响消费者产生正面的认知。

换句话说，厂商不妨通过确保消费者时时刻刻地看到他们的品牌名称、标志或广告资讯，以彻底在合理范围内将"单纯曝光效应"发挥到极致。消费者接触到某个品牌资讯的次数越多，便会提高消费者的品牌熟悉度，此种熟悉感有助于转化为消费者正面的认知，并增加购买的可能性。例如，在广告预算许可的情况下，品牌不妨经常使用跨多个通路和平台的广告活动，让曝光度趋于极大化；此种品牌资讯的重复性有助于消费者熟悉该品牌，当他们在未来的购物情境中再次接触到该品牌时，会产生更高的回忆度和识别度。

在数位时代，"单纯曝光效应"更加重要，因为与消费者建立联系的渠道或是媒介，已从传统的实体延伸到网络上。社群媒体、网络广告、电子邮件营销和网站的内容营销，都提供了让消费者反复接触品牌资讯的机会。

然而，"单纯曝光效应"并非每时每刻都能发挥作用，厂商必须切记不可误踩下列两条红线：

第一，特别是在新产品首支广告采取前卫性广告手法时，避免让消费者产生强烈的负面观感，此种负面的第一印象一旦形成之后，重复曝光只会造成消费者的厌恶感呈现倍数增长，也就是"单纯曝光效应"反而会成为厂商的"穿肠毒药"。

第二，厂商在广告策略中使用"单纯曝光效应"时，切记不可过分重复曝光。品牌资讯的过度曝光或过度重复，可能会导致消费者产生疲劳甚至产生厌恶感。

康姆斯克（Comscore）的调查指出，以油管（YouTube）广告为例，在广告上线的2到6天之内，如果消费者接触到同一广告刺激的次数达到5次，其广告收看率会比只接触到3次广告刺激者高出2.7倍。脸书的官方报告也提出类似的看法：消费者接触到同一脸书广告超过5次以后，他们对广告的记忆度和回应率便会逐步趋缓。

在电视广告中亦有所谓的"三八主义"，也就是说目标客群若在特定时间内接触到广告讯息低于三次，恐怕无法留下印象与记忆度（recall），但若超过八次，反而可能会引起目标客群的麻木甚至反感。因此无论是新兴的网络媒体或是传统的电视媒体，均反映出一个现象——"单纯曝光效应"无法肆无忌惮尽情发挥，过度重复曝光反而会造成反效果。

因此，品牌的资讯必须力求变化，以确保其资讯对于消费者有新鲜感、具有吸引力且与自己有切身相关性，以避免造成消费者的反感。例如，多芬（Dove）在台湾地区所播出的广告，近年来一直采取真人实证（testimonial）的广告手法，无论是洗发乳或是沐浴乳均无不同，请素人而非大牌明星证言的方式，已变成多芬一贯的广告风格。然而，由于为了让消费者不会对千篇一律的多芬广告产生疲乏感，多芬便运用了不同版本的素人证言式广告，以增加消费者对多芬广告的新鲜感。

接下来再看一个例子：

2020年迄今在台湾地区造成一股冲锋衣抢购热潮的品牌One Boy，继邀请一系列知名艺人代言后，2022年底更以重金礼聘到以扮演秘书角色而大红大紫的某位韩国知名演员担任冲锋衣代言人，一举将品牌知名度与网络声量推到最高峰；2023年又邀请到因参加知名综艺而再度爆红的台湾地区王姓女歌手代言，广告手笔之大令人咋舌。

姑且不论这种投入成本颇高的邀请大咖明星代言的行销手法是否恰当，但从"单纯曝光效应"的观点来看，其广告手法无疑是成功的。首先，铺天盖地式的广告，让消费者不论是看电视、上网，甚至走在街头上，都可见到相关广告，此举增加了对消费者的重复曝光度。再者，相较于台湾地区其他成衣从业者，不论从话题性或数量上来看都远远超越，更为吸引消费者。最后，广告懂得适时更换代言人，例如上述该冰锋衣品牌便分别邀请了不同的明星代言，以避免消费者对广告产生麻木与疲乏感。总结来看，该品牌的广告手法完全符合了"单纯曝光效应"的基本原则，因此爆红并不意外。

与其他认知偏误效应的关联应用

此外，"单纯曝光效应"也可能与其他会影响消费者认知偏误的效应产生关联性，因此更加左右了消费者的认知与决策。例如，"可得性捷思法"（availability heuristic）指的是个人倾向于依赖其记忆中最容易抽取的资讯以作出决策，即使这些资讯与决策本身不具有太大相关性。在"单纯曝光效应"的推波助澜之下，当消费者因反复接触某个品牌或产品而对之产生高度熟悉感之时，他们在作出购买决策之时便极有可能将它列入"唤起的考虑集合"（evoked consideration set），一旦被列入这一集合后，该品牌商品被购买的概率便会大大提高。这是因为当消费者考虑特定类别的商品或需求时，通过"单纯曝光效应"与"可得性捷思法"，会使得该品牌在脑海中更容易被唤起，因而增加了被选择的可能性。

"单纯曝光效应"也可能与"月晕效应"（halo effect）互相作用，对消费者产生更强的影响力。在品牌行销的应用上，"月晕效应"是指厂商致力于让消费者对该品牌某一特质的正面感受，延伸到同一商品的其他特质上，甚至是将对该品牌某种商品的好感度延伸到同品牌的其他产品线之上。例如，当消费者因反复接触到某个品牌的讯息或亲身的使用经验，而对该品牌产生正面的认知，他们可能会将此种正面的认知转移到该品牌的其他产品上，即使他们以前并未使用过这些商品，也就是弗洛伊德（Sigmund Freud）所提出的"无意识的移情作用"（unconscious transference）。通过"单纯曝光效应"的加持，可以加深消费者对"月晕效应"的依赖程度。

此外，"单纯曝光效应"也会影响消费者对某些产品设计元素或包装设计的观感，进而形成对该品牌具有独树一帜风格的正面认知。当消费者反复接触到某品牌商品特定的设计或包装风格时，他们可能会对此种风格产生偏好，并将其与该商品其他属性产生正面的联结，即使该商品本身与市场上的其他竞争商品大同小异。例如日本某品牌以其"极简主义"（minimalism）和"无品牌"（no-brand）的设计方式而闻名，产品通常具有简单的设计、中性颜色的设计质感，同时兼顾功能性和实用性；而以吸尘器产品驰名的德国某品牌的设计风格强调尖端技术和功能性，它的产品通常具有现代、时尚的外观和创新的工艺。在长期受到"单纯曝光效应"的加持之下，两个品牌早就在消费者心目中留下具有特殊风格的品牌定位。

虽然重复曝光有助于增加消费者的喜好或偏好，但并不能保证长期的消费者忠诚度或消费者信任。"单纯曝光效应"只是给厂商提供一种广告手法以强化消费者的品牌偏好，维系品牌的长久之计仍在于构思如何提供具有特色品牌定位之商品，并提供卓越的客户服务与前所未有的品牌体验，以便能与消费者建立长久的关系。

基本心法

为了减轻"单纯曝光效应"的可能误导，消费者可以在作出消费决策之前详尽地寻找各种资讯，并列出一系列符合本身需求条件的选择集合（choice set），再分别根据商品或服务的各个属性予以过滤，将可能帮助个人摆脱"愈看愈喜欢"的魔咒。

第 8 章

吸引力效应（Attraction Effect）
——诱饵帮助摆脱选择困难症？

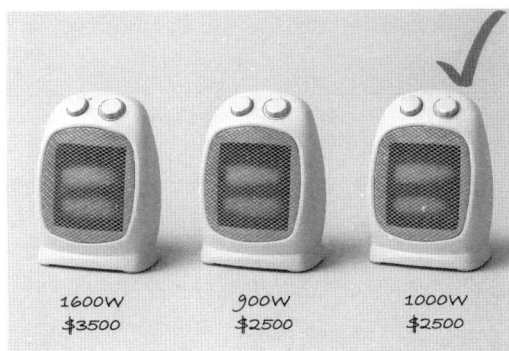

Chapter 08

"吸引力效应"（attraction effect）是指厂商所采取的一种"诱饵手法"，目的是在现有的两个各有千秋的选项中导入第三个吸引力较小的选项，来影响消费者从原来两个选项的其中之一作选择。"诱饵选项"（decoy option）是故意设计加入选择集合之中的，目的是使原始选项其中之一相比之下显得更具优势。此种效应常被应用于定价策略和产品捆绑（product bundling）的手法上。

吸引力效应的定义与研究

"吸引力效应"是一种常见的认知偏误，在影响消费者决策方面发挥着极重要的作用。此种偏见会影响消费者如何评估和选择不同的选项、产品或品牌。了解这些影响可以帮助行销人员和厂商设计出更有效的行销策略，并提高消费者满意度。

"吸引力效应"是1981年由乔尔·胡伯（Joel Huber）、约翰·佩恩（John Payne）和克里斯多福·普多（Christopher Puto）三位美国学者率先提出，后来美国斯坦福大学教授伊特玛·赛门森（Itamar Simonson）通过一系列的研究加以发扬光大。

"吸引力效应"也称为"不对称支配效应"（asymmetric dominance effect），意指原本人们要在两个选项中作出选择，而消费者对其中某一个选项的偏好，会因第三种不太有吸引力的选项加入而增加。"吸引力效应"会导致消费者认为与"支配选项"（或称为"诱饵选项"）相较，原本两个选项其中之一显得更棒或更有价值，因为诱饵选项的客观条件通常会被蓄意设计得较为逊色。

为了说明"吸引力效应"，请想象下列这个场景：

一年一度的"双十一"购物节又到了，你想为自己家里添购一台渴望已久的水波炉，在经过仔细筛选后，你正在考虑从两个不同品牌的水波炉之间进行选择：品牌 A（容量 26 L，可装得下两层烤架，售价 5 999 元）与品牌 B（容量 32 L，可装得下三层烤架，售价 8 999 元）。除了容量导致的烤架层数不同以外，这两个品牌的水波炉无论在品质、功能、外形设计感等其他条件上都不分轩轾。此时你会选择哪个品牌?

在这种情况下，你的选择不外乎是考虑容量和价格之间的折衷（trade-off）。如果你对容量赋予较高的决策权重的话，那么无疑的品牌 B 是最优的选择。相反地，如果你比较不在乎烤架数量，而是在乎商品总价的话，品牌 A 当然会是不二选择。

这是消费决策中的一个经典选择场景，并不难作出选择，因为其中并不存在干扰决策的"诱饵选项"。简而言之，消费者要做的选择，不外乎是品牌 B 在烤架数量上占优势，品牌 A 则是在价格上占上风。以古典概率的观点来看，在不考虑其他因素的干扰下，消费者选择品牌A和品牌B的概率应该相等，也就是均为50%。

现在考虑一个稍微复杂的场景，也就是新加入诱饵选项C，亦即消费者的水波炉选择集合中包括A、B、C三种品牌；同样地，品牌C在品质、功能、外形等其他主客观条件上，都与品牌A和品牌B差不多。品牌C虽然和品牌A一样只有两个烤架，但容量却只有23 L，不如品牌A的26 L，售价也是5 999元。

在这一情况下，消费者会把新加入的品牌C当作是比较主体，并以品牌A作为参考点，因为两者在所有其他属性上都相同（包括烤架数量和价格），唯一的差别在于品牌C在容量上较为逊色。此时你选择C的机会有多大？我猜答案可能趋近于零吧！

也许你会问，那为何消费者不会把品牌C拿来和品牌B作比较呢？因为不论是从容量、烤架的数量，以及价格上来看，品牌C和品牌B都存在极大的差异；也就是说，在将品牌C当作比较主体的情况下，品牌B并不具备当作参考点的条件；亦即不同档次的商品无法比较。因此，若是消费者把容量或是烤架数量多寡当作选择的重要标准的话，品牌A和品牌C都不会列入考虑，只有品牌B才是消费者的唯一真爱。

另外你可能也想知道，那为何会有厂商自甘成为不受消费者青睐的诱饵品牌呢？以上面的例子来看，品牌 C 很有可能就是生产品牌 A 的厂商所推出的副品牌，目的是希望通过品牌 C 所带来的"吸引力效应"，来增加品牌 A 被购买的概率，以甩开原本和品牌 B 紧绷的差距；因为在只有品牌 A 和 B 的情况下，依据古典概率来看，双方各有 50% 被选择的概率。

"吸引力效应"何时会发挥作用呢？从上面的例子来看，加上了"诱饵选项"品牌 C 之后，尽管实际上很少人会选择品牌 C，但它实际上对品牌 A 产生了"吸引力效应"。也就是说，通过品牌 C 与品牌 A 的对比，更凸显了品牌 A 的优势（容量较大但价格一样），因此会造成对品牌 A 的偏好不成比例地增加；亦即厂商通过把品牌 C 当作诱饵，使得品牌 A 被选择的概率增加。而品牌 A 所增加的被选择概率，基本上是从品牌 B "窃取"过来的，因为品牌 C 只是诱饵，被消费者选择的概率原本就不高。此一结论乃是基于"不对称性支配"的经典行为经济学原理，因此也被称为"吸引力效应"。

然而，并非所有人都会受到"吸引力效应"的影响。心理学的研究指出，"吸引力效应"的强弱取决于每个人的思维方式。一般来说，喜欢深思熟虑对事物进行推理的人比较不会受到"吸引力效应"的影响；但遇事常常凭借直觉作出反应的人，便极有可能受到"吸引力效应"的诱惑，堕入直觉陷阱而不自知。

厂商对吸引力效应的应用

"吸引力效应"可以在各种商业实务中观察得到，包括定价策略、产品捆绑销售（bundle selling）和菜单设计上都可见到它的身影。厂商可以策略性地利用"吸引力效应"来影响消费者的选择，并诱导他们选择价格更高或更高利润的选项。例如，在餐厅的菜单设计上，可以将中价位菜肴与高价位菜肴的价格拉近，也就是以中价位菜肴当作诱饵选项，使得高价位菜肴与之相比之下显得对消费者更具吸引力。相同地，在每碟菜的分量设计上，例如中盘vs.大盘，也可以运用"吸引力效应"如法炮制。

除了在实体商品的销售上之外，厂商所提供的服务也适用"吸引力效应"。让我们看下面这个例子：

好不容易等到了连续假期，你想利用年休假合计两周的时间去奥地利旅行，在网上搜寻了各大旅游网站之后，你找到了下列两种航班：

A航班需要在迪拜转机，中转停留的时间是3小时，票价6 700元；

B航班也是在迪拜转机，中转停留的时间是9小时，票价5 700元。

此时你面临的选择考量不外乎是：要省时间就多花1 000元搭乘

A航班；若想省钱就搭乘B航班，只是转机时间比A航班多花6小时。

正当你犹豫不决时，你发现航空公司新增了加班的C航班，时间安排如下：

C航班也是在迪拜转机，中转停留的时间是4小时，票价也是6 700元。

你原本预计想省一点钱，比较倾向选择B航班，但是仍在天人交战中，尚未作出决定。但在你看到C航班的转机时间和票价之后，会不会有转而购买A航班机票的冲动？

依据古典概率的法则来看，你原本购买A航班和B航班的可能性分别均是50%，完全取决于你赋予转机时间和票价的权重孰轻孰重。但在"诱饵选项"（也就是C航班）加入之后，你可能会把C航班和现有的两个航班作比较：

与A航班相比，C航班的转机时间多1小时，票价却相同，因此A航班优于C航班。

与B航班相比，C航班的转机时间少了5小时，但票价贵了5 000元。

身为消费者的你，此时的决策重心又回到了到底是要省钱还是省时间？若是想省时间的话，与其选C航班还不如去选择A航班，可以少一小时的转机时间。也就是说，除非你打定主意以省钱为最高指导原则的情况下会选择 B 航班，那么无论有没有 C 航班这个诱饵选项的加入，结果均无不同。但如果是在省时间与省票价之间举棋不定的话，你很有可能会因 C 航班的加入，而增加选择 A 航班的概率。也就是说，航空公司成功地运用 C 航班这个诱饵选项，诱发你选择 A 航班的决策。

同样地，在网络商品的销售上，厂商也可以采取提供包含高价商品和其他捆绑商品的方式来利用"吸引力效应"。此种以高价商品充当诱饵的方式，可以使捆绑商品显得更加优惠，并鼓励消费者选择捆绑商品，而非选择购买单独个别的商品。

美国杜克大学心理学教授丹·艾瑞利（Dan Ariely）在他出版的《谁说人是理性的：聪明消费者与行销高手必备的行为经济学》一书中，便曾利用《经济学人》（*The Economist*）的订阅方式作为案例，说明如何利用"吸引力效应"来鼓励订阅者选择较高价的捆绑式订阅选项。以下便是各方案的内容选项：

方案一：纸质版每年的订阅价是 125 美元；

方案二：网络版每年的订阅价为 59 美元；

方案三：纸质版与网络版合订的优惠订阅价也是 125 美元。

在方案三尚未出现之前，消费者的选择只有两种：喜欢手中拿着纸质版的读者选择方案一，但是价格比网络版高出一倍多；已习惯阅读电子书的读者选择方案二，而且可以省下超过一半的订阅价。

对于《经济学人》而言，显然是把相对价格较高的纸质版当作"诱饵选项"。因为以经济学的观点来看，超过经济规模印刷量之后，固定成本已被摊提掉，几乎只剩下纸张与印刷成本，每多印一本杂志的成本可说是微不足道，而每位纸质版订户所贡献的订阅金却是网络版的二倍多！这笔划算的生意何乐而不为？

通过方案三（纸质版与网络版合订）的优惠价与仅订阅纸质版（方案一）的价格相同，《经济学人》成功地吸引不少读者选择方案三，而非订阅价较低的方案二。对于《经济学人》而言，在完成文章内容排版之后，网络版的成本趋近为零，所收取的订阅费也几乎等于净利。精确地说，方案三（纸质版与网络版合订）的成本几乎与方案一（单纯纸质版）毫无二致，但对于采取订阅制的消费者而言，却是"买方案一送方案二"，自然能够吸引消费者的青睐，其背后的逻辑完全符合"吸引力效应"的原则。

以上面《经济学人》的例子来看，如果把方案一与方案二的价差缩小，"吸引力效应"的效果是否会更强，这点不妨请大家自行思考一下。

总结来看，"吸引力效应"是基于"相对比较"的论点；当消费者评估现有选项时，他们会倾向于依据相对差异，而非绝对属性来作出决策。也就是说，当吸引力较小的选项出现之时，会使得被比较的目标选项显得相对突出，进而导致消费者偏好的转变。

此外，"吸引力效应"未必总是能为厂商攻城略地。如果"诱饵选项"缺乏与目标选项相较而言的不利点，或是与消费者所关注的考量点不一致，则可能无法发挥"吸引力效应"。因此，厂商必须慎选"诱饵选项"，以确保能突显目标选项的优势，如此才能把"吸引力效应"发挥到极致。

基本心法

　　并非所有人都会受到"吸引力效应"的影响。"吸引力效应"的强弱取决于每个人的思维方式。一般来说，喜欢深思熟虑对事物进行推理的人比较不会受到"吸引力效应"的影响；但遇事常常凭借直觉作出反应的人，便极有可能受到"吸引力效应"的诱惑，掉入直觉陷阱而不自知。因此要避免受到"吸引力效应"的左右，最好的方式便是多运用"系统性思考"（systematic thinking），针对各方案的选项予以仔细评估，如此方能作出明智的消费决策。

第 9 章

妥协效应（Compromise Effect）
—— 左右为难，选中间的比较保险？

$50 $70 $90

人的一生总是不断地在面临一连串的选择，无论是求学、工作、婚姻，等等。选择本身并不困难，困难的是在各项备选方案中，每一个方案均各有其优缺点，所谓"有一好，没两好"，因而造成了消费者选择困难的情况日益增加。

妥协效应的定义与研究

传统的经济学原理主张，在一个自由经济的市场当中，且产品竞争力无差异的前提之下，新产品的加入将有可能降低原有市场内各厂商商品的市场占有率。例如，市场内有两家厂商各自具有不同属性特色的商品，在各有目标客群的情况下，市场占有率分别为50%；但在新厂商加入之后，可能形成三分天下的局面，原本两家厂商的市场占有率可能均降至33%左右。

然而新兴的行为经济学却提出截然不同的观点，例如"妥协效应"（compromise effect）指出，当人们在偏好不确定或产品知识不足的情况下，在面对产品属性差异两极化的不同选项时，极有可能为了降低决策风险或是损失厌恶，而选择介于"极端选项"（extreme option）中间的安全选项。也就是说，原本两家厂商的市场占有率极有可能均会降至33%以下。

如前所述，"妥协效应"是指当消费者在面对"极端选项"时，比较倾向于选择"中间选项"（intermediate option）的现象。从心理学的观点来看，除了降低决策风险或是损失厌恶以外，"妥协效应"另外一个解释是基于捷思法之故，也就是人们为了避免思考两个（或以上）"极端选项"可能会带来高度的认知负荷（cognitive load），而由于人们天生具有的思考惰性之故，介于"极端选项"之间的中间选项，需要相对较少的认知资源投入，因而比较容易雀屏中选。

"妥协效应"是美国斯坦福大学教授伊特玛·赛门森（Itamar Simonson）于1989年在《消费者研究期刊》（*Journal of Consumer Research*）中提出，在该篇名为"基于理由所做的选择：吸引力与妥协效应的案例"的经典研究中，赛门森教授进行了一系列的实验来验证"吸引力效应"与"妥协效应"。

根据"妥协效应"的观点来看，虽说是在当前的选项中增加一个相邻的、非诱饵的中间选项，应该会减少原本选项的市场占有率，但其变化的幅度仍旧难以预测。不过可以确定的是，中间选项的市场占有率是分别自原本的极端选项中取得的。例如，在图9-1中，在属性Y上优于A品牌和B品牌，但在属性X上比A品牌和B品牌逊色的C品牌，添加到原本由A品牌和B品牌所组成的选择集

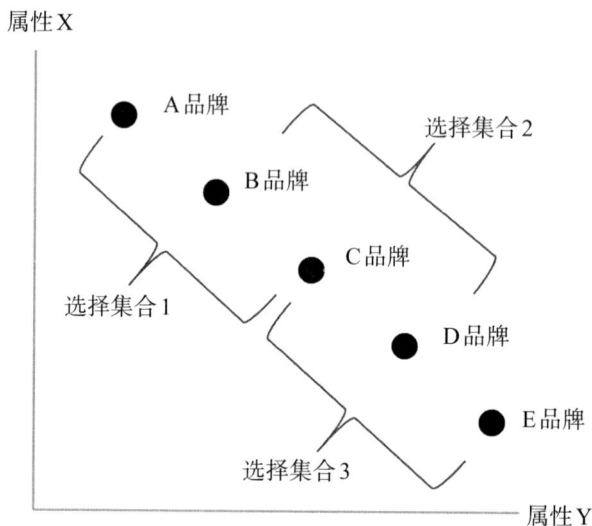

属性 X

A 品牌

B 品牌

选择集合 2

C 品牌

选择集合 1

D 品牌

E 品牌

选择集合 3

属性 Y

图 9-1

合 1 当中，将有助于增加 B 品牌的市场占有率。

当消费者预计自己所作的决策会被他人评估时，"妥协效应"更有可能会发挥作用。就以送礼行为来看，当你不确定收礼者比较偏好礼物的哪种属性时（例如功能 vs. 外观设计），那么合理的解决方案便是选择中间选项，因为它可能是风险最小的最安全选择。再者，与现有的"极端选项"相较，中间选项结合了"极端选项"的所有属性，虽然未必在所有属性上都表现最佳。相较于"极端选项"在某些属性上表现优异，但在别的属性上却又乏善可陈，中间选项至少在各属性上都有一定的水准，足以说明被选择的合理性。

为了说明"妥协效应"，请考虑下面这个场景：

又到了年底发年终奖金的时刻了，为了犒赏自己过去一年来的辛劳，你打算购买一台新的智能型手机，上网查询之后决定在两款手机之间进行选择：手机A和手机B。手机A具有更好的功能，但价格相对较高；而手机B的价格比较便宜，但功能相对较少。你虽然舍不得花太多钱在手机上，但也不想太屈就于过于单一的功能，因此陷入一阵沉思……好巧不巧，你的好朋友向你介绍另一款手机，也就是手机C，无论其价格和功能都介于手机A和B之间。在这种情况下，妥协选项（手机C）的存在可能会导致消费者的偏好逆转（preference reversal）。也就是说，手机C在手机A和手机B这两个极端选项之间提供了折衷，因此似乎是一个安全的选择。

厂商对妥协效应的应用

"妥协效应"对产品定位和定价策略均具有重大影响力。厂商可以善加利用"妥协效应"来引导消费者选择他们想要主打的特定商品。例如，厂商推出价位不同的系列产品时，除了市场定位的考量之外，也可运用"妥协效应"让中价位商品更加突出，以获取更高的市场占有率。

以图9-2来看，假设在选择集合1当中，原本只有A和B两个品牌，双方由于在属性上各有千秋（A品牌在属性X上优于B品牌，但B品牌在属性Y上优于A品牌），因此市场占有率平分秋色；但是如果当B品牌的厂商策略性地推出副品牌C的时候，局面就可能会改观，亦即A品牌和C品牌变成"极端选项"，而B品牌变成中间选项。因此消费者很有可能会因为"妥协效应"而造成B品牌的市场占有率上升。

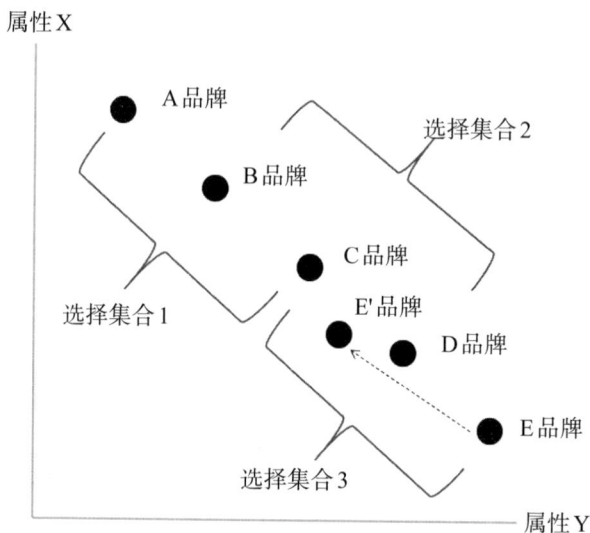

图9-2

在选择集合 1 当中，A 品牌很有可能因为在属性 Y 上面的表现未达到消费者的最低要求门槛而出局，因此进入选择集合 2 的情境。从选择集合 2 来看，原本的选项只剩下 B 品牌和 C 品牌，这时候其实 C 品牌是 B 品牌厂商所推出的副品牌。如果 D 品牌加入的话，且在属性 X 上逊于 B 品牌和 C 品牌，但在属性 Y 上优于 B 品牌和 C 品牌，则很有可能会造成 B 品牌和 D 品牌变成"极端选项"，C 品牌变成中间选项，因而导致 C 品牌的市场占有率上升，自己却没获得好处。所以此时 D 品牌最好的策略就是拉开属性的差距，例如调整属性所在的位阶；或是另辟属性的战场，不要和 B 品牌和 C 品牌在现有属性上竞争。

类似的情境也发生在选择集合 3 当中，E 品牌最佳的策略就是应该设法跳脱"极端选项"的角色，以免为他人作嫁衣。基本上有两种策略方向可以避开"妥协效应"：

第一，通过调整商品属性的表现，把 E 品牌的属性位阶调整至介于品牌 C 和品牌 D 中间，也就是设法把 E 品牌变成中间选项（如图 9-2 中的 E'），而让品牌 C 和品牌 D 变成"极端选项"。如此一来，在"妥协效应"的作用下，前身为 E 品牌的 E' 品牌被消费者选择的概率将会大增。

第二，避免与现有的品牌 C 和品牌 D 正面交锋，通过将战场拉至新的属性上，让消费者无法从现有属性上从事比较，可以避开

"妥协效应"的影响，并转而利用"相似性效应"（similarity effect）反将一军，以取得市场占有率。

扭转妥协效应的相似性效应

所谓的"相似性效应"是指在同一商品类别中，倘若市面上的三种商品中有两种具有很高的同质性，那么消费者会倾向去选择另外那种完全不同的商品。例如，御茶园和茶里王均有无糖日式绿茶的商品，可口可乐公司如果也打算推出日式绿茶商品的话，该如何在御茶园和茶里王这两个品牌的绝对优势下杀出重围？

如果单纯只是标榜日式绿茶，恐怕对可口可乐来说不是一个明智的抉择。因为消费者早已习惯可口可乐是生产可乐的领导品牌，而非生产茶饮的专业品牌。若想要抵消此种先天的偏见，唯有通过产品差异化方能成功。因此，可口可乐所推出的"原萃"日式绿茶，除了不添加香料100%与无糖之外，更标榜添加日本进口抹茶粉，借此以开创不同的产品属性；同时，更推出具有海苔味的"冷萃日式深蒸绿茶"，以彻底拉开属性之差异。通过拉大属性之差异，有助于让消费者重新思考属性的权重，不至于沦为"妥协效应"下的牺牲品。

　　"妥协效应"对各个领域都有重要影响，包括消费者的行为决策、行销设计和杀价谈判。厂商经常目的性地导入"妥协选项"来影响消费者的选择；也就是提供与"极端选项"相比显得合理的中间选项，但其实中间选项才是厂商所欲达成的目标。

　　本章前面所提的手机案例，是功能与价格如何权衡取舍状况下的选择。让我们来看另外一个例子：

　　想象一下，你平常每天都有喝咖啡的习惯，今天你又来到平时经常光顾的咖啡店，正在考虑要选择小杯咖啡还是大杯咖啡，小杯咖啡 300 ml 售价 50 元，大杯咖啡 600 ml 售价 80 元，当你正犹豫小杯咖啡分量不够时，大杯咖啡又太大杯，店员告诉你新增了中杯咖啡 450 ml 售价 65 元，此时，你会不会转而想改为买中杯咖啡？如果大杯咖啡 600 ml 的价格改为 90 元（仍旧比两杯小杯咖啡加起来的价格便宜 10 元），中杯咖啡对你的吸引力会不会更为增加？

　　在杀价过程中，也可以利用"妥协效应"来引导最后的成交价格走向你心目中的理想价格。例如，将厂商原本报价当作基准价格（"极端选项"）往下杀，然后通过极低的出价当作另一个"极端选项"，同时附加上有条件的稍高价格当作中间选项（例如，加购比正常价格低的延长保修），如此一来，你可以使"中间选项"显得更具吸引力，并增加成交的可能性。

此外，"妥协效应"并非在所有情况下都百试百灵，消费者个人的差异会影响其效果。某些消费者可能更喜欢极端的选择，有的人致力于追求最高品质不考虑价格，有的人则是信奉"便宜就是王道"的消费原则；而相对占多数的消费者可能会担心决策风险而倾向于选择折衷的选项。另外，如果消费者有强烈的属性偏好或特定的决策标准，"妥协效应"就可能不太明显。

"妥协效应"在复杂的决策场景中十分常见，特别是购买高单价的商品之时。当面对价格和功能各异的多种选择时，消费者可能会发现中间选项是最实用和安全的选择。例如，想要购买新车的消费者可能会考虑两种车型：旗舰款，价格相对昂贵，具有先进的配备功能；入门款，价格相对低廉，但配备功能相对单一。此时供应商推出了在功能和价格之间进行折衷的进阶款车型，可能会导致消费者选择进阶款，因为它代表了中间选项，并且似乎在价格和功能之间提供了良好的平衡。

了解"妥协效应"及其对决策的潜在影响非常重要。虽然"中间选项"似乎是一个安全且平衡的选择，但消费者必须考虑个人偏好、需求和目标，并根据选项的内在价值，而非选项在其属性范围内的相对位置来予以评估，如此较容易生成更明智和令人满意的决策。

基本心法

由于人们天生具有的思考惰性之故，介于"极端选项"之间的中间选项，比较需要相对较少的认知资源投入，因而比较容易雀屏中选。但是位居中间位置的"妥协选项"是否真的是最佳选择？是否有可能在商品属性上的表现高不成低不就，仍旧无法满足消费者的需求？这点值得消费者深思！

第 10 章

禀赋效应（Endowment Effect）
—— 敝帚自珍?

NOT MINE

MINE

Chapter 10

"禀赋效应"（endowment effect）是指相对于尚未拥有之产品，消费者会对已拥有的产品赋予更高的主观价值之倾向。这一现象可能会影响消费者在考虑贩卖或交换产品时的价格判断。

禀赋效应的定义与研究

经济学家经常关注各种商品或服务，以试图估算出这些商品或服务的价值。价值的评估通常源自两个概念："人们愿意接受出售的最低价格"（willingness to accept, WTA）和"他们愿意支付购买的最高价格"（willingness to pay, WTP）。经济学家认为，大多数商品 WTA 和 WTP 之间的差距应该趋于最小化，交易才可能发生。然而，根据心理学的实验研究证明，即使是对于同一对象，当买卖身份或角色互换之时，WTA 和 WTP 的估计价值也可能截然不同。具体来说，研究结果已证明，人们总是会对已拥有的物品产生比尚未拥有的物品更高的估计价值，这也就是"禀赋效应"的核心精神所在。

"禀赋效应"是一种认知偏误，描述了个人在拥有某个物品之后，会比尚未拥有之前对其赋予更高价值的倾向。换句话说，与尚未拥有的同一物品相比，人们对自己已拥有的物品会赋予更高的价值，并且不轻易"断舍离"。此种心理现象对消费心理、行为决策和经济理论均具有重大影响。

2002年诺贝尔经济学奖得主、美国心理学家丹尼尔·卡尼曼（Daniel Kahneman）曾经作过关于"禀赋效应"的一项实验。在该实验中，卡尼曼向一群随机选取的大学生受试者展示了一个售价6美元的马克杯，并告知他们此种马克杯的市场售价。其中一半的受试者免费获得了这个价值6美元的马克杯，另外一半则没有获赠。接着卡尼曼要求拥有马克杯的受试者表达他们愿意用多少钱出售此马克杯，另外，尚未拥有这一马克杯的受试者则被要求回答愿意花多少钱去购买此马克杯。

实验结果显示，对于那些已拥有马克杯的受试者而言，5.25美元是他们可接受的最低出售价格（WTA）；但是对于那些目前尚未拥有该马克杯的受试者而言，他们愿意付的最高价格是2.75美元（WTP）。这一实验结果清楚地显示出"禀赋效应"的结论：一旦人们拥有某件物品之后，对于它的主观价值感会大大提升，远远高于尚未拥有它之时。以简单的数学式加以表示，就是WTA>WTP。

卡尼曼教授曾作过另一项与"禀赋效应"有关的研究。在该实验中，一样是以马克杯作为其中的一个实验刺激物标的，另外一个实验刺激物则是巧克力。首先，以随机的方式把受试者分成两组，第一组在完成问卷后，获得一个马克杯作为赠品；而第二组在完成问卷之后，则是得到一盒巧克力作为赠品，两组受试者均被告知马克杯与巧克力两者的市价相同。

在这两组受试者收到赠品后，实验者便告知这两组受试者其实一开始可以要求任选巧克力或马克杯作为赠品，随后就询问这些受试者现在是否愿意互换赠品。由于受试者是按照随机分配的方式选取的，若依照统计学的观点来看，应该会有大约一半的受试者选择互换。但研究结果却显示：只有一成的受试者愿意选择互换。换句话说，得到马克杯的受试者中，大部分的人认为马克杯较好；而得到巧克力的受试者当中，则是大部分的人觉得巧克力较好。

在电影《魔戒》（*The Lord of the Rings*）当中，也不乏"禀赋效应"的场景。当戒指一到咕噜（Gollum）的手上，他就更加看重它，不肯放手。在"禀赋效应"中，我们赋予物质的价值可以是情感的、象征性的、金钱的、潜意识的或者邪恶的（在 Gollum 的例子中）。一旦人们培养了依恋感和归属感，他们就不愿意放弃自己所拥有的东西，而且此种依恋感可能会在把该物品放在他们手中的最初几秒钟内发生！

不仅仅是人类，即使是其他动物也可能受到"禀赋效应"的影响。《政治经济学期刊》（*Journal of Political Economy*）中曾描述过另一项交易实验：让黑猩猩在花生酱和果汁之间作出选择，当先把花生酱提供给黑猩猩时，有80%的黑猩猩拒绝用它来交换果汁；然而如果先给黑猩猩果汁的话，黑猩猩也拒绝用它来交换花生酱。

从上面这三组实验中可证明"禀赋效应"的存在；也就是说，人们倾向于喜欢自己目前已拥有的东西，当我们认知到对某件物品具有拥有感之后，该物品主观的认知价值，也会在心中自然而然地随之提升。

禀赋效应对经济和社会现象产生的重大影响

"禀赋效应"的存在挑战了传统的经济假设——人们是根据效用和价值的理性计算来作出决策。相反地，"禀赋效应"有趣地指出一个现象："拥有权"（ownership）本身就可以显著影响人们对物品价值的看法，以及他们割舍物品的意愿。

"禀赋效应"不仅限于发生在实体物品上，它也适用于无形的物品，例如想法、信仰，甚至认同关系。例如，一个人可能不愿意改变他们的政治信仰或宗教观点，因为他们对这些想法具有强烈的拥有权感。同样地，个人可能会因为自己的心理拥有权感（sense of mental ownership），而不舍得结束一段长期的友情或恋爱关系。

"禀赋效应"在塑造消费者的偏好、支付意愿和购买决策方面，已被证明扮演了极重要的角色。当消费者拥有某种产品或正在使用某个品牌时，他们可能会觉得手边现有的这个商品，远比他们尚未拥有或购买的相同替代品更具有价值；其中很关键的一个心理机制便是：如果这些替代品更有价值的话，岂不是证明自己当初的选择不够明智？此种不明智的感受会对消费者造成悔恨与遗憾的心理不适感。为了避免心理不适感的产生，最直接的方式便是贬低其他替代品的认知价值。因此，厂商若能善加利用"禀赋效应"，将有助于诱发消费者的忠诚度（consumer loyalty）与品牌依恋（brand attachment），并降低消费者投入竞争品牌怀抱的意愿。

"禀赋效应"是一种普遍存在的认知偏误，其范围远远超出了行为决策的范围，并对各种经济和社会现象产生了重大的支配力量，包括市场行为、交易和资源配置。在市场行为中，"禀赋效应"足以影响价格动态和市场效率。例如当买家和卖家由于拥有权的差异，而对同一物品有不同的估价时（WTA vs. WTP），可能会产生认知价格落差而阻碍交易的进行。简而言之，卖方可能高估其所欲出售物品的价格（WTA），而买方则低估了该商品的价值，因而导致愿意支付的价格（WTP）偏低，最后很有可能会造成价格谈判失败而无法成交。

禀赋效应的实际应用

　　让我们来看一个例子：虽然房市长期处于高点，但具有刚性自住需求的买家仍然不少。今天你由于工作调职之故，想要在新工作地点附近买房，以减少上下班的通勤时间。在看了多家房屋中介公司的网站后，好不容易找到了心仪的房子，现场看过之后，你对于屋况或周边的生活设施和交通便利性也都十分满意，唯一的问题只在于最后的关卡：价格。即使在不考虑房价上涨的前提下，卖家仍坚持成交价必须高出当初的购买价格200万。

　　卖家的理由很简单："当初交屋之后，我花了150万元用于装潢，再加上装潢过程中所花费的心力，我的卖价多出原本购买价格的200万并不过分吧？"

　　先把你是否喜欢卖家原本的装潢风格的因素排除在外，以"禀赋效应"的观点来看，其实卖家上述说法的重点在于"心力"两字；也就是说，原本居住在该房子的卖家，可能会由于当初装潢所花费的心力，而对房屋本身产生强烈的拥有权感和依恋感，为了避免"断舍离"所造成的心理不适感，因而设定较高的卖价。但对于你而言，由于尚未拥有该房屋，你对于该房屋的依恋程度相对较低，因此愿意支付的价格也就随之偏低了。此种由于"禀赋效应"所造成的 WTA vs. WTP 的价格差异，极有可能会导致双方的价格谈判陷入僵局，因而降低了成交的机会。

"禀赋效应"可以在各种消费场景中观察到，最常见的便是电视网物或者网络购物的情境。台湾地区的电视购物或网络购物常常标榜"不好用或无效，保证无条件退款"或是"七天免费试用"的口号，但请大家扪心自问，你在电视购物或网络购物的经验中，退货的比例有多少？以一般的情况而言，你是否因为产品本身极度不适用，或品质极度欠佳才会考虑退货？

厂商标榜的"七天免费使用"，除了是遵循台湾地区消费者保护法规第19条第1项及第2项规定"通讯交易或访问交易之消费者，需在收到商品或接受服务后7日内，以退回商品或书面通知方式解除契约，无须说明理由及负担任何费用或对价……"以外，也充分运用了"禀赋效应"。也就是你一旦收到商品之后，便对该商品产生了拥有权感与情感依附。若你选择退货的话，就会造成"断舍离"的心理不适感；而为了避免这种心理不适感的产生，你往往便作出不退货的决定。

同样地，"禀赋效应"也可以运用于强化消费者的品牌忠诚度上。当消费者重复选择某个品牌并成为忠实顾客时，他们可能会对该品牌产生一种拥有权感，因此更有可能在主观上认为该品牌优于竞争对手，并对该品牌提供的产品和服务给予更高的价值。此外，厂商可以利用"禀赋效应"来培养品牌忠诚度并加强客户关系，通过鼓励消费者对其产品或服务产生心理拥有权感，可以增强顾客黏着度，并减少客户转向竞争对手的可能性。

打造拥有权感的最佳方式，不外乎是通过创造出消费者的个性化体验和量身打造专属个人商品的作法。当消费者参与产品的设计或生产之时，他们会对最终产品产生更强烈的拥有权感和情感投射。

另外，厂商也可以利用忠诚度计划和奖励措施来强化"禀赋效应"，借此向忠实客户提供独家优惠和专属权益，厂商可以增强消费者对该品牌的情感联结与拥有权感，进而使消费者建立起长期的品牌忠诚度。

基本心法

　　承认"禀赋效应"的存在是克服其影响的第一步。既然明白与物品的情感联结可能会导致对其价值的扭曲认知，消费者不妨想象另一个场景：如果今天你是对方的话，你是否会作出相同的价值或价格判断？也就是利用所谓"换位思考"的方式，来对标的物进行评估，此举将有助于摆脱"禀赋效应"的阴影。

第 11 章

框架效应（Framing Effect）
——文字解读的艺术

2%
FAT
MILK

98%
FAT
FREE
MILK

Chapter 11

"框架效应"（framing effect）是由以色列认知心理学家艾默士·特沃斯基（Amos Tversky）与以色列裔美国心理学家、2002 年诺贝尔经济学奖得主丹尼尔·卡尼曼（Daniel Kahneman）所提出的。

框架效应的定义与类型

"讯息框架"（message framing）的定义为通过使用正面与负面的属性标签，或产品、问题、行为的"获得"（gain）与"损失"（loss）的层面来呈现讯息。根据"展望理论"（prospect theory）的观点来看，"框架"是指相同本质或含义的讯息以不同方式呈现，据以影响讯息接收者的解读或评估产品或服务相关的讯息。植根于"展望理论"的"框架效应"的基本主张，是当要求人们作出决定的讯息是以具有正面意涵的"获得"方式呈现之时，个人倾向于采取风险趋避（risk aversion）的行为；而当要求人们作出决定的讯息是以具有负面意涵的"损失"方式来表达之时，则一般人便转而倾向于选择冒险（risk taking）。此外，"框架效应"也与"负面偏误理论"（negativity bias theory）互相辉映，指出人们通常会把"损失"的权重视为比"获得"的权重更重；也就是说，以相同程度的"获得"与"损失"来比较，一般人会觉得"损失"比"获得"的影响力更大。

"框架效应"指出，资讯的呈现方式可以明显影响消费者对资讯的解读与后续的行为决策。例如，商品折扣呈现的方式为"原价减20%"与"原价打八折"，可能会引发消费者不同的价值认知，即使它们在数学上看来毫无差异。

"框架效应"是一种典型的认知偏误，对于消费者的认知和判断具有重要的干扰效果。简而言之，"框架效应"指的是资讯呈现或建构的方式可以显著影响个人的选择和判断，即使资讯的内容本质上并无二致。这种心理现象对行销、广告、公共政策和消费者行为的各层面均具有深远的影响。

基本上，讯息框架的呈现可以分为三种类型：

1. "风险选择框架"（risky choice framing）：让人们在正面 vs. 负面框架的风险结果之间作出选择。例如，你正准备住院开刀，医生告知开刀的成功率有 70%（正面框架），但如果医生的说法是该项手术有 30% 的失败率（负面框架），请问哪种说法会让你有较高的开刀意愿？

2. "目标框架"（goal framing）界定了行为与目标实现之间的关系；也就是说，"目标框架"表示参与一项活动的结果，作为获得利益 vs. 避免损失的机会。例如，成年女性进行乳房自我检查的好处，是会增加疾病早期发现肿瘤的机会（正面框架）；而不进行乳房自我检查则会降低早期发现肿瘤的机会（负面框架）。从"目标框架"的观点来看，讯息以负面框架（negative framing）的方式予以陈述，其说服力应该优于正面框架（positive framing），因为"损失厌恶效应"（loss aversion）已经告诉我们，相对于获得利益，人们对于潜在的损失更敏感，并且会赋予更高的权重，即使两者影响的程度不分轩轾。简单来说，在二择一的前提下，人们宁可选择放弃收益，也要尽力避免同等程度的损失。也就是说，在"目标框架"的情境下，负面框架讯息应该会比正面框架讯息更有说服力。

3."属性框架"（attribute framing）也许代表了最简单的框架情况，但它在解释陈述方式如何影响消费者的信息处理上，特别具有诱导性。在"属性框架"中，框架的陈述对象是决策选项的属性。亦即产品或选项是以具有"暗示性字眼"的方式，来描述其属性的呈现方式。例如，牛绞肉可以被描述为"含有85%的瘦肉"（正面框架）或"含有15%的肥肉"（负面框架）。在这个例子中，从现代人注重养生健康的观点来看，相对于瘦肉而言，肥肉一般被视为是较不健康、会引起发胖负面联想的"暗示性字眼"。因此"85%的瘦肉"会比"15%的肥肉"更能赢得消费者的青睐。

心理学的研究指出，在"属性框架"的情境下，正面框架讯息的陈述效果会比负面框架讯息更好，因为正面框架选项会引导消费者产生正向的联想力，而负面框架选项只会产生厌恶或负面的联想，这些主观性的联想会影响消费者的评估或被说服的可能性。基于人们都有厌恶负面事件或结果的心理，因此正面框架的陈述方式可能会比负面框架更具有吸引力。

各位也许会发现，虽然在"属性框架"中，正面框架比负面框架的陈述更有效；但在"目标框架"中，却是负面框架比正面框架更有效。是何种原因导致如此不一致的结论呢？其原因不外乎是，在"目标框架"下，正面框架和负面框架关注的是同一个目标（例如，同一个人作不作乳房检查对身体健康的影响）；相反地，在"属性框架"中，正面框架和负面框架关注的却是标的物的对立面（例如，瘦肉与肥肉）。

框架效应实验

"框架效应"最初由认知心理学家艾默士·特沃斯基和丹尼尔·卡尼曼于 1981 年发表在著名的《科学》（*Science*）的学术期刊上，在这篇名为《决策框架与选择心理》的文章中指出，即使客观结果相同，也可以通过改变资讯的建构方式来影响个人的选择。

为了说明"框架效应"，特沃斯基和卡尼曼两位学者作了下列实验：

受试者被要求为 600 名患有致命疾病的人选择两种治疗方案。在情境一当中：方案 A 会导致 200 人存活，方案 B 有三分之一的概率无人死亡，但有三分之二的概率所有人都会死亡。

在情境二当中：方案 A 会导致 400 人死亡，方案 B 认为有三分之一的概率无人死亡，但有三分之二的概率所有人都会死亡。

请问在这两种情境下，你觉得受试者的选择是否会不同？

此种"风险选择框架"是通过正面框架（有多少人会生存）vs.负面框架（有多少人会死亡）来予以陈述。研究结果显示，在情境一当中，当受试者面对的选择是"200 人可存活"（方案 A）vs."三分之一的概率无人死亡，但有三分之二的概率所有人都会死亡"（方案 B）时，方案 A 获得了压倒性的支持（72%）。但在情境二当中，受试者面对的选择是"400 人会死亡"（方案 A）vs."三分之一的概率无人死亡，但有三分之二的概率所有人都会死亡"（方案 B）时，方案 A 的支持率大幅下降至 22%。这一结果证明人们的选择会受到讯息建构方式的影响。

让我们来解析一下这两种情境为何会有截然不同的结论。在情境一当中，在"200 人可存活"（方案 A）vs."三分之一的概率无人死亡，但有三分之二的概率所有人都会死亡"（方案 B）的比较上，人们可能会简化资讯，把关注的焦点放在"存活"（收益）vs."三分之一存活加上三分之二死亡"（少部分收益，大部分损失）上，因此比较偏好方案 A。但在情境二当中，在"400 人会死亡"（方案 A）vs."三分之一的概率无人死亡，但有三分之二的概率所有人都会死亡"（方案 B）的比较上，人们可能会把重心放在"死亡"（损失）vs."三分之一存活率加上三分之二死亡率"（少部分收益，大部分损失）上，因此比较偏好方案 B。

"框架效应"是否会影响到个人处理资讯的方式和所作出的决策，主要还是取决于人们是否经常依循认知捷径或采取捷思法思考的结果。如前所述，当面临复杂或界限模糊的选项时，如果又加上处在认知资源不足的情况下，人们常常会依靠认知捷径来简化决策过程，但也因此会作出不理性的决策。

我们来假想一个有关环境政策的例子：

净零排放（net zero）又称作"净零碳排"，最早出自 2015 年世界各国所签订的《巴黎协定》中，约定 2050 年实现净零碳排，目前已有 135 个国家与 1 049 个城市宣布要在 2050 年之前达成净零碳排目标。有鉴于此，政府目前打算推出一项有关于"净零碳排"的新政策：

方案 A：对实施净零碳排措施的企业予以税收减免，以奖励对环境保护的贡献。

　　方案B：对未能实施净零碳排措施的企业予以税收处罚，以防止环境持续受到破坏。

　　方案A将该政策定义为提供正面的激励措施，可能对企业和碳排相关行业较具吸引力；方案B则将该政策描述为施加惩罚，反而可能会引起企业负面的观感。"框架效应"不仅发生在公共卫生与公共政策的情境，在各种消费决策的情况下更常发生。例如，在行销和广告中，厂商经常将"框架效应"运用于产品的定价方式或服务所宣称的利益诉求，以影响消费者对其价值的评估。

框架效应对消费、财务决策和投资选择的影响

　　台湾地区的自助餐餐厅多不胜数，市场定位不同的吃到饱餐厅琳琅满目，为消费者提供了多样性的选择。现在请试着想象一个场景：

　　你的生日快到了，朋友找你去吃自助餐庆生，在考虑完交通便利性和食物品质之后，有两家餐厅列入考虑。这两家餐厅的人均费用都是1 000元，但是广告内容有所不同：

　　A餐厅标榜"四人同行，一人免费"；

　　B餐厅标榜"四人同行，每人七五折优惠"。

现在请运用直觉回答，请问哪一家餐厅对你们的吸引力比较大？

我想应该许多人都会觉得A餐厅的优惠比较吸引人吧？事实上以总金额来看，如果选择A餐厅，四人消费的总金额是3 000元（1 000×3），而B餐厅也是3 000元（1 000×4×0.75）。也就是说，这两家餐厅所提供的价格优惠完全相同，但你为何直觉上会觉得A餐厅的吸引力比较大？因为"免费"这个字眼对于消费者具有致命的吸引力！

也许你会觉得上述的数字算法十分简单，用心算便可算出两家的价格其实并无不同。但今天价格如果改成每人1 349元，两家餐厅所标榜的优惠仍然相同，应该会有更多人凭借直觉作出A餐厅比较优惠的推论吧？

此外，在财务决策和投资选择中也常见到"框架效应"的身影。一般而言，投资机会的呈现方式会影响投资者的风险认知和决策。投资者通常可以划分成两种类型：抱有风险趋避心态的稳健型投资者，以及愿意尝试高风险高报酬的积极型投资者。假使你是一个基金的经理人，对于即将上市的基金产品可以考虑以下两种方式：

A方案：该基金的获利概率预估高达80%。

B方案：该基金的亏损概率预估仅有20%。

这两种方案内容的本质并无不同，但不同投资人可能会产生不同的观感：A方案描述了该基金获利的可能性很高，目标在于吸引愿意尝试高风险高报酬的积极型投资者；而B方案则强调该基金亏损的概率极低，用意在于吸引那些抱有风险趋避心态的稳健型投资者。

在财务投资上，"框架效应"影响消费者选择的关键方式，便是通过其对风险认知的影响。资讯的建构方式可以显著影响消费者如何看待与决策相关的风险和收益。特别是当决策涉及潜在收益时，消费者往往会规避风险、偏好确定的事物。例如，你现在考虑进行一项财务投资，有两种投资标的物可供选择：

方案A：保证获利100万元。

方案B：50%的机会可获利200万元，50%的机会不赚不赔。

尽管方案B的期望值为100万元（0.5×200万元=100万），与A方案的保证获利金额相同；但考虑到获利的确定性与避免风险的前提下，许多消费者倾向于选择方案A，而非期望值相同的方案B。同样地，若考虑到对风险的忍受度，方案A的表达方式比较适合抱有风险趋避心态的稳健型投资者，而方案B的表达方式比较适合愿意尝试高风险高报酬的积极型投资者。

总之，"框架效应"是一种普遍存在的认知偏误，它显著影响消费者的行为、决策和认知。即使资讯内容保持不变，资讯的呈现方式也会对个人的偏好或选择产生重大影响。厂商可以视情境与消费者属性来策略性地运用"框架效应"来影响消费者的偏好、价值观念和选择。而消费者若要避免因"框架效应"而作出不理性的选择，不二法门便是在作重要决策之时，勿被讯息表面的资讯所误导，应该善加利用认知资源作出客观的分析，如此方能作到避免无谓的损失。

基本心法

为了抵消"框架效应"，消费者必须采取深思熟虑的分析方法，仔细检查各备选方案文字的弦外之音十分重要。借由重新建构决策问题、关注根本事实并剔除无关细节，再与各解决方案实质面（而非表面）呈现的资讯作对照，有助于个人可以更清晰地了解每个方案的实际利弊，如此将可大幅降低"框架效应"的影响。

第 12 章

怀旧效应 (Nostalgia Effect)
——过去的总是最美？

Chapter 12

"怀旧效应"（nostalgia effect）可以唤起人们强烈的情感和与过往相关的正面记忆。因此，厂商经常利用怀旧行销（nostalgia marketing）与消费者建立情感联系，试图通过加入往日情怀的元素，创造出一种熟悉的温馨感。也就是说，通过引发人们的怀旧之情或对过去日子的缅怀，使消费者更加重视社交联结（social connectedness），而非一味地重视省钱。这种怀旧对我们消费意愿的影响，被称为"怀旧效应"。

怀旧效应的定义

"怀旧"是一种潜藏在消费者内心深处的心理现象，它会下意识地影响消费者对于特定商品或目标的情感、态度和偏好。基本上来看，"怀旧"是指对过去值得纪念或回忆的事物具有渴望重现的心态，通常会由熟悉的物品、地点或经历所引发。一般而言，"怀旧"是一种复杂的情感，它可以唤起与个人过往或共同集体记忆相关的正面感受。过去数世纪以来，"怀旧"一直是哲学家、作家和心理学家所津津乐道的话题。"怀旧"的概念不仅在心理学研究中获得了广泛的探讨，并且也广为运用在行销实务之中。

"怀旧"一词源于两个希腊词汇："nostos"（字面意义是"回

家"）和"algos"（字面意义是"痛苦"），两个字合并而成的意义是"不能回家的痛苦"。17世纪有一名瑞士医生约翰内斯·赫佛（Johannes Hofer）率先创造了"怀旧"一词，用来描述瑞士雇佣兵在国外服役时渴望回归祖国的一种状况。从临床医学的角度来看，怀旧会引起忧郁等心理症状和身体不适等生理症状。随着时间的推移，对怀旧的理解已从临床病理学的角度，演化为一种对过去美好回忆产生相关情感反应的观点。

厂商对怀旧效应的应用

近年来，心理学家将怀旧视为一种偏向于相对正面的情感体验，有可能影响人类行为的各个方面。行销人员早已意识到怀旧在与消费者建立情感联系，并在唤起温馨、舒适和熟悉感方面具有强大的力量。怀旧之所以对消费者如此具有吸引力，最重要的原因之一是它能够挖掘出珍贵的记忆，以及与过往时光的正面情感联结。当人们体验怀旧之时，多半会倾向于关注以往愉悦和具有纪念性的经历，此举可以诱发正面的情绪和心理满足感。通过此种移情作用，将可以创造出对品牌或产品的信任感和舒适感，进而提高品牌忠诚度和黏着度。

特别是在对未来具有不确定性或处于混沌时期，怀旧足以作为一种心理应对机制，以克服心理压力和紧张感。在现代这个工商业快速发展所造成的高压力社会中，怀旧提供了一种安稳平和的感觉，提醒人们缅怀过往简单的时光和珍贵的回忆。由于怀旧具有对安稳性、温馨感和熟悉度等向往的特质，厂商通过"怀旧效应"可以与消费者建立牢固的情感联结，进而培养出消费者长期的忠诚度。

此外，怀旧有助于提高产品和服务的认知价值。也就是说，当消费者在与某个品牌或产品互动之时，若能体验到怀旧之情，他们可能会在其功能优势之外赋予其他的情感附加价值。换句话说，厂商通过给消费者营造出怀旧的情绪，赋予商品更有意义、更与众不同与更值得珍惜拥有的心理意涵。通过这种怀旧情绪，此举将会让消费者更有购买意愿。让我们来看一个有趣的例子：

已成为许多20世纪60到80年代消费者成长记忆的台湾地区儿童零食品牌"乖乖"，便运用了多年以来变化不大的人物造型——墨西哥式牛仔帽、露出两颗大门牙的造型与超大鞋子，穿着红色上衣与绿色裤子，再搭配黄色领结——来唤起目前已成为社会中坚分子的青壮世代消费者的回忆。有趣的是，"乖乖"不仅利用消费者的怀旧情绪，甚至发展出另一套拍案叫绝的说法："绿色包装的乖乖可以当作守护神，可以防止电子设备和机房宕机，确保机器运行无碍；黄色包装的乖乖象征招财，可让金融和银行业大发利市、财源滚滚；红色包装的乖乖则表示爱情，在每年七夕或西方情人节时，购买红色乖乖可以增加桃花运。"甚至曾有金融单位因买了黄色包装的五香乖乖放在电脑旁，一度成为热门话题而跃上新闻版面。

姑且不论乖乖公司对于各种口味乖乖所作的市场区隔是否为真（虽然可能性不高），但这无疑是一项成功的行销操作，不但成功地利用"怀旧效应"勾起了消费者的回忆，也成功地创造出话题性，堪称是经典的行销案例。

除此之外，国外厂商近年来对于"怀旧效应"的运用也不遗余力。例如日本任天堂公司（Nintendo）在1983年7月15日正式发售家用游戏主机Famicom，也就是大家俗称的"红白机"。这款全球销售量超过6 200万台的电视游乐器，再加上销售超过五亿款的游戏卡带，不但奠定了任天堂成为电玩圈一方之霸的市场龙头地位，也为任天堂带来了惊人的业绩与利润。

在红白机发售满二十周年之际的2003年9月25日，任天堂宣布红白机正式停产。但为了满足消费者的怀旧之情，任天堂推出了红白机的复刻版本"迷你红白机"，并于2016年11月10日正式发售。在"迷你红白机"开卖3个月全球狂卖150万台之后，任天堂公司再接再厉于2017年10月5日在日本市场推出"迷你超级任天堂"，开卖四天就热销近37万台。

从上面乖乖和任天堂"红白机"的例子可以发现，怀旧对消费者确实具有无比强大的情感吸引力，因此厂商莫不绞尽脑汁地构思如何运用"怀旧效应"，来为消费者创造出更有吸引力、同时又具有庞大商机的品牌体验。

怀旧效应在音乐产业上的应用

一度走入历史长廊尽头的黑胶唱片（LP），近年来由于文青风的兴起，形成一股怀旧的风潮。根据美国唱片业协会（Recording Industry Association of America, RIAA）发布的销售数字指出，2022年全美的黑胶唱片销售数量破天荒地首次超过CD的销售数字，这是自1987年以来首度出现的惊人现象。从销售数字来看，2022年全美消费者购买了4 100万张黑胶唱片，但同年CD销售量却只有3 300万张。因此许多唱片公司也开始以"旧瓶装新酒"的方式来推出新产品上市。例如台湾地区一些知名的歌手和偶像团体在推出新专辑时，除了CD版本之外，也都不约而同地推出黑胶唱片版本，甚至会将以往发行过的CD专辑以黑胶唱片的形式重新发行，其目的便在于搭上当前这股方兴未艾的黑胶风潮。例如，某位十分知名的台湾周姓男歌手便将过去20年来所发行过的14张专辑，结集成一套28张黑胶的套装专辑，售价高达台币3万多元，在淘宝网甚至还被炒到人民币2万3千元（折合近台币10万元）。

以上面这个黑胶专辑的案例来看，从消费心理的角度来加以解读可发现，标榜"向过去致敬"的限量版黑胶唱片，可以强有力地在有怀旧情怀的消费者之间，创造出一种"你只有CD，而我有珍贵的黑胶"的高度排他性与无比的优越感。因此，虽然这一黑胶唱片套装价格不菲，仍然造成一股抢购风潮。

除了流行文化以外，怀旧感也常运用于古典音乐的推广活动。早在串流音乐兴起之前，居古典音乐主流大厂龙头地位的 Deutsche Grammophon（俗称黄标DG），便曾推出"大花版"系列的古典音乐CD，该系列采取黑胶唱片时期的大花版（big tulip）图案设计，作为CD盘面的主要设计风格，让乐迷们一眼便能辨识出来，其目的便是希望通过特殊的盘面设计，让过去聆听DG大花版黑胶唱片的消费者，能够唤起过往美好的黑胶唱片时光。特别是那些对于过去那个时代怀有美好回忆的消费者而言，通过体验式怀旧，可创造出让消费者重回往日时光的体验，以满足消费者重新捕捉过往特定时间或感觉的愿望。

2022年5月因参加综艺节目演唱20年前的经典歌曲而再度爆

红的台湾地区有"甜心教主"称号的王姓女歌手，不但勾起了无数"粉丝男孩"的青春记忆，甚至大量官方媒体都罕见地予以正面的报道。在节目中年近40岁的女歌手，在演唱当年这首经典歌曲时所展现出来的外形与唱腔功力，几乎与20年前如出一辙，瞬间把80年代、90年代的观众（特别是男性）拉回当年那段青涩的年轻岁月当中。许多80年代、90年代出生的男性粉丝，看到这位女歌手在舞台上唱着当年那首自己熟悉的歌曲，外形、舞蹈与唱腔几乎和当年完全一样，觉得自己又好像回到了当年17、18岁的青春年华……网络上甚至指出，这些所谓的"粉丝男孩"，目前很多人都已经事业有成，在企业担任总经理或董事长等高阶职位，他们甚至还要求全体员工投票支持，而投票率视为当年该部门的业绩考核重点项目。更夸张的是，这些粉丝们更是霸气地直接购买播出节目平台所属公司之股票，并喊出鼓励偶像歌手出道的口号，仅仅几天的时间之内，便让该公司的股票一度逆势上涨10%，相当于66亿元人民币！此外，他们甚至打电话到电视台，扬言若不让该名女歌手获得该季节目冠军，就准备放空该公司的股票，让其股价大跌……

网络上有许多有关于此一现象的讨论，从制作单位的人为炒作，到歌手本身奋斗的心路历程。无论内容如何，不可否认的是，让这批已近不惑之年的"男孩粉丝"们穿越时光隧道，得以回味当年少不更事的"怀旧效应"，对造成这股怀旧旋风确实厥功至伟。

怀旧效应不宜过度操作

厂商可利用"怀旧效应"来打造出本身独有的品牌定位，例如，拥有悠久历史或传统的品牌可利用怀旧情绪将自己与竞争对手加以区隔，并建立自己独特的品牌定位，通过强调在消费市场的长期耕耘，有助于在目标客群中建立信任感。此外，厂商可以规划以怀旧为主题的行销活动，以与目标客群的共同生活经历产生共鸣。例如举办品牌回顾展，以唤起在那段时期成长的消费者之怀旧情绪，通过类似的怀旧作法，厂商可以借此强化品牌的忠诚度。

不过厂商必须注意，运用"怀旧效应"作为行销诉求的频率不宜过高，以免造成经济学上所谓的"边际效益递减"（diminishing marginal utility）现象。如图 12-1 所示，随着开始时同一行销手法的次数使用增加，会造成行销效益逐渐递增，但超过行销效益最高点的次数之后，行销效益会趋于停滞（如图中曲线 A），甚至可能造成行销效益不增反减（如图中曲线 B）。

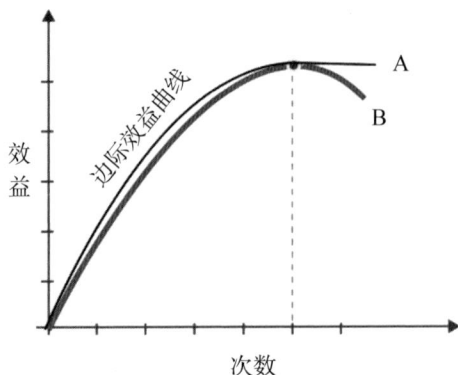

图 12-1

也就是说，同一行销手法的过度重复操作，恐会造成消费者的偏好趋缓，甚至最终招致反效果。例如，前几年在台湾地区十分流行的"校园民歌回顾演唱会"，便由于每年举办的频率过高，虽然有"怀旧效应"的加持，但票房年复一年地下跌，最后造成盛况不再的结局。

简而言之，"怀旧效应"是厂商运用情感诉求以与目标客群建立起情感联结的有力工具。通过唤起消费者温馨、熟悉和年轻美好岁月的感觉，以与消费者建立更紧密的长久关系。厂商若能善用"怀旧效应"，将有助于提升其产品和服务的整体吸引力。

基本心法

当人们体验怀旧之时，多半会倾向于关注以往愉悦和具有纪念性的经历，此举可以引发正面的情绪和心理满足感。相较于其他诱使消费者采取购买行动的心理效应，"怀旧效应"似乎并不算是过于"罪大恶极"的行销手法。通过激发怀旧情怀，消费者至少唤起了一段重回往日美好时光的记忆，那么何不换个角度放开心胸来享受"怀旧效应"呢？

第 13 章

生动效应（Vividness Effect）
——为什么你记得故事，却忘了数据？

Chapter 13

你是否曾因一则感人肺腑的顾客故事，而冲动下单购买某种保健食品？或者因为某位网红分享用某品牌洗发水"三天改善掉发"，就对该品牌产生深刻印象？即使这些说法未必有科学根据，甚至根本没有实证资料支持，但你还是被深深吸引，甚至愿意掏钱购买。这种现象，就是"生动效应"（vividness effect）的最佳写照。

什么是生动效应？

"生动效应"是由理查德·E.尼斯贝（Richard E. Nisbett）与萝丝·李（Ross Lee）在所出版的《人类推论：社会判断的策略与缺点》（*Human Inference: Strategies and Shortcomings of Social Judgment*）一书中首度提及，意指：当一个信息以鲜活、生动、感官强烈的方式呈现时，即使它不具有代表性或统计价值，仍会在人类大脑中留下深刻的印象，进而对判断与决策产生过度影响。

此种偏误使我们过度依赖"记得起来的事"，而非"真正重要的事"来做判断。在消费心理上，这意味着我们更容易受到故事、照片、影片、个案叙述与个人情绪感受的影响，而非冷冰冰的数据、平均值或科学证据。

生动信息与消费判断的错误联结

以两款洗面奶举例来说，一款标榜"经皮肤科实验证实，能有效改善油脂分泌"，并在广告中搭配统计图表；另一款则在广告中强调："30 岁 OL（Office Lady，白领女性）小美，用了三天，粉刺全消！"你会相信哪一个？多数消费者会记得后者，并产生更强的购买意愿。

为什么？因为后者是"故事"，是"人"，有情绪、有画面、有生活情境，而不是"统计数据"或"实验证据"。这样的生动呈现能唤起情感共鸣（emotional resonance），产生心理距离的缩短效应，进而强化品牌与产品印象。

此种心理倾向，虽然从本质上违背了"理性消费"（rational consumption）的原则，但在消费场景中非常普遍。消费者在缺乏时间与心力仔细分析产品信息时，便会被生动性较高的信息所吸引并相信。这也让营销广告刻意制造情境叙事与视觉冲击，成为主流。

生动效应的心理学根源

"生动效应"的心理根源，可从认知心理学（cognitive

psychology）与信息处理理论（information processing theory）中探索。以下便是其中三个关键的心理机制：

1. 处理流畅性（processing fluency）

人类大脑偏好处理"容易理解"的信息。鲜明信息由于色彩鲜艳、语言简单、生动具体，因此比抽象、理性或数据式内容更容易被吸收与记忆。这种"顺畅即正确"的误判，就是处理流畅性偏误的体现。

2. 情绪唤起（emotional arousal）

生动信息常伴随情绪性叙述（如悲伤、惊讶、感动），强烈的情绪刺激会激活杏仁核（amygdala）与长期记忆系统，进而产生"事件的重要性"的错觉。此种错觉会让我们过度高估生动目标的发生频率与代表性。

3. 代表性捷思法（representativeness heuristic）

我们习惯以个别事件代表整体趋势。例如，看到一位糖尿病患者成功通过某产品逆转病情，我们会不自觉地把这个"个案"视为"常态"，即使该案例只是极少数例外。这就是代表性捷思法造成的认知扭曲。

这些心理过程合而为一，就构成了"生动效应"的认知基础。它让我们偏好记得起来的信息（也就是我在上一本书中提到的"可得性捷思法"），而不是最具代表性或最有依据的信息。

生动效应与消费误判的实证案例

根据珍妮弗·艾斯卡拉丝（Jennifer Escalas）2004年在《消费心理学期刊》（*Journal of Consumer Psychology*）所发表的一项研究显示，当相同产品的功能信息以"叙事方式"（narrative）呈现时，消费者的记忆率与评价都显著高于"列表方式"（listing）。

例如，一项冷气产品若描述为"每小时耗电 0.75 度，符合一级能源效率"的版本，远不如"热到睡不着？只要每天 5 元电费，让你整夜凉爽入眠"这类富有场景想象力的叙述更具说服力。

甚至在保险营销中，也有类似的生动性应用：与其强调理赔机制与数值，多数保险业务员会分享"小陈因意外住院，幸好有 XXX 保险赔付 8 万元，安心渡过难关"的故事。这类"人名＋金额＋情绪"的信息格式，极具生动性，能迅速打动潜在顾客。

营销应用：生动性是一种操控武器

在现代营销操作中，生动性不仅被视为一种沟通技巧，更被用作影响消费者判断的心理武器。以下几种策略便是常见例子：

- 视觉强化（visual amplification）

使用鲜艳色彩、动态影像、名人出镜，提升信息的感官刺激与记忆点。

- 故事叙述（storytelling）

以真人实例、顾客见证、转折情节来包装产品优点，使内容更具情绪吸引力。

- 焦点聚光偏误（spotlight bias）

特别放大单一案例或成功见证，刻意忽略其他无效或中性案例，引导消费者形成错误推论。

- 减少复杂度（incomplexity）

刻意删除过多数据与技术细节，只保留一个核心情境要求，避免认知过荷（cognitive overload）。

以上种种，皆是为了将信息的生动性极大化，使消费者在有限的注意力与时间内形成偏好。

生动效应的风险与伦理问题

鲜活信息虽有助于传播与记忆，但也可能成为消费错误与误导的温床。最常见的问题包括：

- 以偏概全：单一案例误导消费者忽略风险、限制与样本差异。

- 过度期待：因故事过于成功，导致消费者高估产品功效与可靠性。

- 信息不对称：消费者无法辨识故事与统计的真实比例，导致决策失衡。

企业若过度使用"生动效应"作为操控工具，将削弱品牌信任，甚至面临法律争议与退费潮。因此，如何在生动与真实之间取得平衡，是营销者的专业与良知所在。

如何降低生动效应的影响？

对消费者而言，如何减少"生动效应"所带来的负面影响，关键在于是否能做到下列三件事：

1. 刻意检视信息来源：面对任何"太精彩"的故事时，问自己：这是个例还是常态？是否有统计或第三方证据支持？

2. 训练数据敏感度：养成阅读实验数据、用户样本与有效率的习惯，不只听故事，更要看实证。

3. 延后决策：暂缓立即购买的冲动，让情绪冷却后再回顾信息本身的价值。

基本心法

我们往往以为，记忆深刻的，就是重要的；听起来感人的，就是可信的。但这正是"生动效应"所设下的陷阱。它让我们在消费情境中，错误地把**"故事当成证据，把感觉当成事实，把个案当成常态"**。当广告或营销信息使用高度可视化、情绪性叙述来刺激我们的感官时，我们的大脑会倾向认定这些信息更具说服力、更值得信赖，却忽略了最核心的问题：它是否具备广泛性与真实性？

要克服"生动效应"，首要任务是培养数据素养与质疑精神。面对动人的故事或戏剧化叙述时，我们要学会抽离情绪，问问自己："这件事代表了什么？它是例外，还是普遍？有数据或实证支持吗？"尤其在作出高风险或长期性消费决策时，更需要依赖系统性思考，而非瞬间的感动。请记住：一时打动你的，不一定是对你最有益的。真正聪明的消费者，不只是看见表象，而是能穿透故事，看见本质。当你感觉"这产品好像真的很棒"时，停下来想一想：是因为它真的好？还是因为广告讲得太精彩？请务必记得：**你被感动，不代表它有效。**

第 14 章

专有名词效应（Terminology Effect）
——当高深莫测改变了你的感受与判断

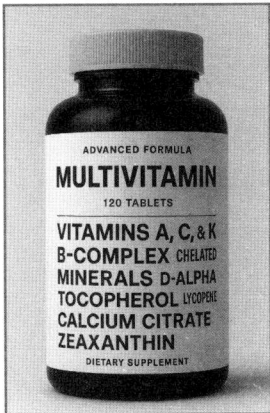

Chapter 14

你是否曾在购物时，因为看到"顶级精华""医学配方""有机认证""生物科技萃取"，而瞬间对产品刮目相看？或者在保健食品上看到"高机能""复方酵素""活性肽"，便默默地认为它们效果更佳？这并非你太感性，而是你正掉入了一个潜藏在语言里的心理陷阱——专有名词效应（terminology effect）。

"专有名词效应"是一种被低估却无所不在的认知偏误，它不是建立在数据上的欺瞒，也不是夸张的情绪渲染，而是靠一套专业或似是而非的语言，让人产生信任、敬畏或正向的错误推论，进而影响判断与消费决策。

专有名词效应的定义与心理基础

"专有名词效应"在传统的消费者心理学文献中并未被单独命名为一项个别的效应，但其背后的心理机制与相关理论架构，早已在营销学、语言学与认知心理学等多个学术领域被广泛探讨与研究。"专有名词效应"指的是：消费者在接收信息时，因为专有名词（terminology）的使用而产生非理性的认知偏差，进而高估其真实价值、可信度或效用。产生此种偏误的关键因素，并不在于信息内容的真伪，而在于信息包装的方式。

心理学家常以"语言启动"（linguistic priming）和"认知框架"（cognitive framework）来说明"专有名词效应"的成因。换句话说，不同的语言选择会启动大脑不同的理解路径（comprehensive route）与情感反应（emotional reaction），即使两个看似相异的词汇，本质上所指涉的东西完全一样，消费者却会作出完全不同的评估。

语义膨胀与心理价格通膨

在"专有名词效应"中，有一种特别常见的语言操作技术，被称为"语义膨胀"（semantic inflation），它意指：通过增加字数、使用听起来高深的词汇，让原本平实无奇的概念变得更具分量与影响力，从而引发消费者的心理价值高估（overestimation of psychological value）。

就以"饮用水"为例，从最基本的"矿泉水""纯水"，一路被包装为"小分子冰河碱性能量水""活氧微离子水""氢离子逆渗透冷压无菌原生水"，这些名称的实质差异并不大，但仅凭语言堆栈与专有名词堆砌，就能让消费者默认其"更干净""更高科技""更健康"，并且愿意付出更高的金额购买。

此种心理价格通膨现象，本质上是一种语义引导的"非理性估值"（irrational valuation），消费者并未根据内容成分或使用体验做出评估，而是被专有名词激发的价值联想所误导。

同义词，不等于同效力

再以防晒产品为例，以下几种说法所指涉的产品实际功能可能一致，但消费者的反应却天差地远：

- 防晒霜
- 高倍数紫外线隔离乳
- SPF50+ PA++++ 全波段物理防护科技

从语意上来看，这三者都可能是同样的防晒产品，仅仅是广告标语不同。然而根据研究显示，消费者在阅读较长、复杂、带有科技词汇的专有名词时，更倾向相信该产品具有"较高专业度""更有效果"与"高价值"，尽管其中未必包含任何额外功效。

此处所展现的，就是典型的语义标签偏误（semantic labeling bias）。消费者并不是真正理解内容，而是对语言形式的反应在主导决策。

专有名词效应的三大心理机制

要理解"专有名词效应"如何运作，我们必须深入了解三种心理机制。

1. 权威联想（authority association）

"专有名词效应"利用专有名词带有"专业感"与"技术性"的印象，使人联想到背后可能存在权威支持或科学认证。像"纳米配方""医学实验级""专利成分"等字眼（例如某女性美妆保养品牌号称具有"pitera"成分），会让人误以为该产品经过实验验证，实际上这些词汇常常只是语言包装，并无法佐证产品效能。

2. 认知捷思法（cognitive heuristic processing）

人类在面对信息复杂或知识不足时，会倾向使用"捷思法"（heuristics）来快速决策。专有名词作为一种"外部线索"（external cues），让消费者用简单的语感判断产品的可信度，而非深入理解背后内容。这种"语言即信任"的简化判断，正是"非理性偏误"（irrational bias）的来源。

3. 语言重构认知（linguistic restructuring cognition）

相同意涵的信息，通过不同的专有名词描述会改变消费者对该信息的情感反应。以"气味中和剂"与"异味吸附离子科技"为例，前者是中性叙述，后者则因加入科技专有名词而产生功能放大的心理错觉。这并非消费者不理性，而是语言形式本身重新构筑了认知意义。

专有名词效应在消费情境中的展现

我们进一步观察"专有名词效应"在以下三种产品类别中的特殊表现，以揭示消费者受语言影响而产生非理性偏误的明确事证。

案例一、保健食品：从"维他命C"到"高活性L-抗坏血酸钠盐"

许多基本营养素被包装成"复杂化学名词"以提高消费价值感。例如，消费者会将"高活性左旋C复方"视为比"维他命C"更高级，但实际上只是相同物质不同命名方式，此种"专有名词效应"可促使消费者基于名称而非功效进行判断。

案例二、美妆品项：从"保湿乳"到"深层玻尿酸渗透导入精华液"

许多护肤产品名称加入如"神经酰胺""水解胶原""纳米乳化"等专有名词，其目的并非为了传递知识，而是引发消费者对科技感与新颖性的感知，进而提升价值评估与价格接受度。

案例三、医疗装置：从"止鼾器"到"下颚前移式呼吸道开扩辅助器"

此类专有名词通过"语意拉长"与"概念堆栈"强化设备的技术门槛，让消费者感受到这一装置的"医疗严谨性"与"高度功能性"，尽管其本质仍属于物理结构辅助。

专有名词如何遮蔽消费者的理性思考

"专有名词效应"最关键的问题，在于它会遮蔽或延迟消费者对产品实质内容的认知。当专有名词越长、越复杂，消费者越难真正理解产品的成分与功能。久而久之，判断依据将不再是功能、成分或科学实证，而是语言包装与语感带来的"情感性认知"（emotional cognition）。"专有名词效应"可能会导致三种决策错误：

1. 功能高估：仅因专有名词复杂而推论产品效能较高。

2. 价格容忍度提升：对专有名词含量多的产品产生"物超所值"的错觉。

3. 质疑性下降：当专有名词看似专业，消费者较不倾向进一步查证，进而成为信息被动接收者。

专有名词效应与知识错配的困境

更大的问题在于，"专有名词效应"最易发生在消费者知识与产品信息落差大的消费类别。当消费者本身对产品领域了解有限时，越容易将"专有名词"错当成"证据"，甚至会把自己对专有名词的不了解视为"专业存在的象征"。此种"知识落差"（knowledge gap）会使"专有名词效应"更为强化，导致高知识门槛的产品中，专有名词带来的偏误更加严重。

这也就是为何在保健、医疗、美妆与科技产品中，专有名词使用频率特别高，而消费偏误亦更明显的主要原因。

结语：你所理解的，不等于你所相信的

语言是中立的工具，但在消费者心中，语言本身就是权力。专有名词不是单纯的描述，而是重构了价值、认知与信任的框架。当你看到一个产品写着"高效活性复方净化微脂技术"，请你停下来想一想：这些专有名词的堆栈，真的传递了实质意义吗？还是只是让你觉得"听起来很厉害"？

　　"专有名词效应"不是诈骗，它甚至不违法，但它的风险在于——它让消费者"自愿相信"，却未必让消费者"真正了解"。这才是消费偏误最隐蔽却最深沉的危机。

基本心法

当我们在产品包装或说明书中看到陌生专有名词时，往往会不自觉地把这些词汇视为可信、专业或高价值的象征。然而**专有名词本身不代表真理**，它只是语言。真正的产品价值应该来自功能、成分、实验数据与使用反馈的综合评估，而不是来自一串艰涩难懂、听起来像是专利技术的专有名词堆砌。

要成为理性的消费者，我们必须养成"对专有名词提问"的习惯：这个名词已经被定义了吗？它有科学依据吗？不同品牌使用这个专有名词，是指同样的东西吗？如果答案模糊不清，就该提高警觉，不要让语言决定你的消费行动。请记住：**你听得懂的，才是你真正买到的价值；你听不懂的，也许只是气氛与想象力的包装。**

第 15 章

目标冲突效应（Goal Conflict Effect）
——目标彼此之间的争风吃醋

你是否有过这样的经验：明明想要减肥，却又忍不住点开炸鸡优惠券？想要省钱，却又对限时促销难以抗拒？又或是想当个负责任的父母，却在购买玩具时被高科技酷炫功能说服，超出预算也在所不惜？

这些不是自制力薄弱的结果，而是"目标冲突效应"（goal conflict effect）在默默操控你的选择。

你不是没有目标，而是目标太多了

在消费情境中，消费者往往同时拥有多个目标。这些目标彼此并非独立，而是彼此矛盾、牵制，甚至互相干扰。当大脑在短时间内无法整合这些矛盾要求，就会陷入所谓的"目标冲突"状态。

"目标冲突"的概念最早可追溯至库特·勒温（Kurt Lewin）于1935年提出的"场域理论"（Field Theory），该理论认为彼此竞争的目标如同相互对立的力量，会在心理层面产生张力（tension）与冲突（conflict）。因此，"目标冲突效应"指的是：在同时存在两个（或更多）心理目标时，消费者的行为会偏离原本理性选择，出现矛盾、犹豫，甚至选后后悔的现象。这是一种由内在动机失衡（motivational imbalance）所引发的非理性决策偏误。

例如：

想要健康（长期目标）vs. 想要口腹之欲（实时奖赏）；

想要节省开支（内在目标）vs. 想要被社会认同（外在目标）。

在这些冲突中，任何一个目标的浮现都会削弱另一个目标的控制力，最终导致行为出现"反复跳跃""自我辩护""选后懊悔"等现象。

一场无声的内心战争

在决策心理学中，此种现象可用"目标系统理论"（goal system theory）加以说明。人类大脑会建构多层次的目标网络，每个目标都有其相对应的下层行动计划，彼此之间存在联动关系。

当一个目标被激活（例如"想省钱"），就会启动相对应的行为倾向（例如"不买奢侈品"）。但当另一个冲突目标同时被激活（例如"想取悦自己"），则两个目标会彼此形成竞争，产生内在张力（internal tensions）。此种张力并非由思考所造成的，而是潜意识的自动处理过程。

消费者的脑中此时像是同时启动两套并行程序，互相抢夺行为的优先执行权。最后谁胜出，不是由逻辑决定，而是由当下的"情境刺激强度""目标的心理饥饿感""信息可得性"与"语言呈现方式"决定。

目标冲突如何操纵你的购买选择？

偏好逆转现象（preference reversal）：当两个目标同时竞争时，原本较强的偏好会因情境变化而瞬间改变。

例如：你可能在早上立誓不喝含糖饮料，但下午工作压力大时，却购买高糖奶茶，只因"心理上需要一点安慰"。

此时不是你改变了健康观念，而是另一个目标（情绪慰藉）在当下抢占了决策主导权。

心理疲乏（psychological fatigue）：持续面对目标冲突会导致认知资源耗竭（cognitive resource exhaustion），进而产生"随便选""快点决定"的倾向。这种心理疲乏感会让人放弃长期目标、追求短期满足。

例如：当你花半小时在网站上比较保健食品时，最终很可能不是选"成分最佳"的那款，而是选"包装看起来最顺眼"的那款。

补偿性消费（compensatory consumption）：当某个目标受挫时，消费者会倾向通过另一个领域的消费来补偿心理失衡。

例如：刚刚才节食失败的人，往往会立刻购买新衣服来弥补自我形象的打击。虽然此种补偿无法解决问题，却能短暂缓解情绪，从而形成反复出现的非理性消费循环。

为什么消费者对冲突"恍如不知"？

最令人费解的是，多数人并不觉得自己存在冲突。这是因为目标冲突大多以"模糊"或"潜伏"的形式存在，并非明确语言所能觉察。其主要原因如下。

潜意识运作：许多目标在启动时并未进入意识层次。例如，一个人会在购买名牌包时说"我只是喜欢这个款式"，实际上可能是受到"想在同伴间获得优越感"的潜在目标所驱动。

自我合理化：当消费行为偏离原始目标，消费者往往会主动修饰原因。例如"这餐吃炸鸡没关系，我今天的运动量已经很多"，这种自我辩护机制（self-defense mechanism）导致冲突无法被认知系统警觉。

语言遮蔽效应：很多消费者使用模糊语汇面对目标选择，如"应该可以吧""反正不常买"，这些语言让冲突被包装在"合理语境"里，进而逃避目标冲突的选择。

促销与话术如何加剧冲突失衡？

不可否认，特定情境的设计会触发潜在冲突，例如：

"买一送一"的口号会启动"价值最大化"目标，压过"理性消费"目标。

"优惠仅此一天"的广告用语会启动"错失恐惧"，压制"购买之前多比较"的理智判断。

"对自己好一点"的广告文案会唤起"自我照顾"目标，使节制消费的理性目标黯然退场。

在这些情境中，消费者不是没有选择，而是无法辨识与理性分析背后的心理纠结（psychological entanglement）。

慢选，才有余裕整合目标

"目标冲突效应"本质上是一种决策时序问题：谁先出现、谁被激活、谁语言比较强势，往往决定了最终选择。当消费决策发生得太快或太突然，大脑无法统整与分析多个目标属性（goal attribute）时，就会让"最近激活者"（proximal activator）夺走行为优先权。

因此，唯有拉长思考时间、放慢选择节奏，才能让较长期目标浮出水面。

常见的错觉：我是在做加总，不是在冲突

许多消费者误以为自己是"加总各种目标之后的综合考虑"，但事实上，在面对目标冲突的情境中，大脑倾向于"选择一边并压制另一边"，这不是协调，而是强迫性失衡（forced imbalance）。

例如：你想要健康＋省钱＋吃得饱，但最后可能反而选择了快餐套餐。你会觉得"我已经综合了各种考虑"，但实际上，"健康"早已被排挤至目标的边缘。

此种错觉让人以为自己是"周延决策者"，实则是"冲突受困者"（conflict sufferer）。

你的选择未必错，而是目标未厘清

消费者不够理性的原因之一，是太多目标同时出现，打乱了原本的计划。消费者不是不知道什么对自己最好，而是太多声音同时

在耳边"说话"。

而"目标冲突效应"最令消费者防不胜防的地方在于：它让你以为自己"对目标做了选择"，但实际上是"被目标选择"。

你以为是自律，其实是目标排序的幻象

许多消费者误以为，能坚持预算、克制欲望、减少冲动购物，就是意志力强。但从心理机制角度来看，此种行为背后其实不是自律本身的发挥，而是目标排序的优先变动。

当某个核心目标（例如"财务自由""健康管理"）在日常生活中被反复提醒、强化与可视化，它的目标优先性（goal prioritization）便会自然上升，在遇到选择诱惑时占据主导地位。而这种被主动激活的排序，会让人产生"我自制力很强"的错觉。

反之，当长期目标缺乏提醒、无法立即感知价值，就容易被实时目标（例如"犒赏一下""别错过优惠"）排挤。此种排挤并非源自于意志不坚，而是排序系统未被调整。

简言之，选择障碍不是意志不坚，而是讯息过于杂乱。只有经常厘清心理目标列表，让核心价值稳定浮现，我们才能避免在目标冲突中一次次偏离原意。

从"短期讨好"走向"整合平衡"

大多数消费偏误来自短期目标的突袭与放大。真正成熟的消费者，并非只选择"理性"，而是能识别并整合各个目标，并赋予它们正确的优先顺位。

整合并不意味着压抑欲望，而是学会让欲望有节奏地出场；不是拒绝享受，而是在享受中保留空间给未来的自己。

基本心法

完成单一目标不是问题，面对多重目标的优先排序或取舍才是大问题。当你无法理解自己为何总是买了后悔、选了矛盾，请别急着归因于自己的意志力不坚定。这很可能是潜在目标之间的角力战。而你之所以感到疲累，是因为被夹在"战场"中央，内心却毫无察觉。

当你有能力真正看见内心的拉锯之时，才可能让**选择权回到自己的手上**，而不是落入目标之间的角力之中。唯有如此，消费行为才能回归理性与整合，而非短暂安抚某一部分的自己。

第 16 章

多样性寻求效应（Variety Seeking Effect）
——为何你总是喜新厌旧？

你是否注意过，明明昨天才买了一包洋芋片，今天却又想试不同口味？即使知道自己最喜欢巧克力口味冰淇淋，却在超市采购时改选芒果、抹茶，甚至花生？又或者，明明上周才订购了两款保健食品，本周又想试试另一个牌子？这并不是因为你善变，也不是因为产品不好，而是你被一种看似自由、实则受制的心理偏误绑架了——多样性寻求效应（variety seeking effect）。

当选择变多，稳定反而难以持续

"多样性寻求效应"指的是：即使在满意的情况下，消费者仍会随着时间主动寻求不同选项的倾向。此一现象在营销科学、行为经济学与心理学中具有深厚的理论根基，其学术起源可追溯至约翰·霍华德（John Howard）与佳格帝许·雪丝（Jagdish Sheth）于 1969 年所出版的书籍《购买者行为理论》（*A Theory of Buyer Behavior*）。当时的学者已开始系统性地探讨：为何消费者即便没有不满意，仍会在选择上产生多样化的行为？简单地说，"多样性寻求效应"是指：在拥有多项可选商品时，消费者即使已有明确偏好，仍会因"选择多样"而主动选择不同于过往喜好的选项，以获得新鲜感或心理满足感。

这是一种非理性的决策偏误。因为根据经济学上所主张的"效用最大化原则"（principle of utility maximization），若某商品曾带来最高满意度，则理应重复选择。然而现实中，我们却不断做出"偏离偏好"（preference deviation）的行为，仿佛过去的满意已如过眼烟云。

举个例子：你在饮料店每次点红茶拿铁都觉得很好喝，但有一天，你却突然改点珍珠乌龙，甚至可能在当下并不特别喜欢珍珠乌龙那个口味，单纯只是"想换一下口味"而已。这正是"多样性寻求"在消费场景中的真实展现。

不是选项变了，是"选择本身"成为目标

我们常以为自己是在做产品比较，其实更多时候，我们在追求的是"选择行为本身所带来的快感"。"多样性寻求效应"的核心逻辑是：改变选择所带来的感觉，本身就具有高度的心理价值。

研究指出，当选择行为成为一种"象征性自我肯定"（symbolic self-affirmation），人们倾向以变化来证明自己具有主动性与掌控力。这种"选择＝行动者"的错觉，会让消费者刻意避开重复选择原本的商品或品牌，尽管先前的使用体验已足够令人满意。

常见的多样性寻求偏误模式

"多样性寻求效应"并非单一现象，而是以不同形式悄悄地潜伏于消费者的心中：

心理饱和错觉（misperceptions of mental saturation）：即便实际体验次数很少，消费者仍容易高估"自己已经习惯"某项选择。这种心理饱和感导致人们认为"再选一次就无趣了"，进而强化变换目标选项的动机。

偏好稀释（preference dilution）

当选项众多时，原本的喜好记忆会被其他选项模糊稀释，使消费者产生"可能还有更好的替代品，只是我还没发现"的错觉，进而尝试不同产品，即使原本的选项令人满意，也仍可能被取代。

新奇价值错估（novelty misevaluation）

消费者常误认"新奇＝优越"，此种误判让人即使只是为了"尝鲜"而选择不熟悉的选项，却往往在购后才发现"还是原来那个比较好"。有趣的是，此类购后后悔却很少阻止下次的"历史重演"。

你以为是口味变了，其实是"决策疲劳"作祟

决策疲劳会降低人对过去选择的信任度。在大脑认知资源有限的情况下，人们无法反复计算每项选择的总效益，于是转向寻求"心理惊喜"作为代替品。

此种现象特别出现在高频率消费场景，如零食、外卖、影音订阅或保健食品。这些类别因选择种类多，更容易触发"多样性寻求效应"。

当自我形象介入，多样性寻求效应将进一步扩大

有趣的是，对"自我探索"与"个性化展现"高度敏感的消费者群体，更容易陷入多样性寻求效应。这是因为他们将每一次的选择视为"展示自我风格"的机会。

例如，某些消费者即使明知某一品牌的洗面奶最适合自己肤质，也会定期更换，但可能只是为了"试试不同的成分与气味"，藉此满足一种探索内心的自我叙事（self-narrative），以证明"我不是一个食古不化的人"。

此种"选择＝身份建构"的偏误，让消费者的选择行为脱离效益导向，转而偏向象征性满足，进而让"稳定偏好"变得短暂而禁不起考验。

群体压力如何让多样性变成"焦虑的选项"

"多样性寻求效应"不仅来自内在动机，还受到社会参照（social referencing）的强力驱动。当消费者观察到他人不断尝试新产品、更新风格或分享新品牌时，会产生一种"我是不是太固执"的自我怀疑（self-suspicion）。

此种比较会进一步激发一种"变＝进步""稳定＝停滞"的认知误导，最终将消费者推向更频繁的产品更替与无谓尝试。

愈想证明自己"不是随便选"，反而更容易选错

矛盾的是，那些最希望自己是"理性、成熟、品味明确"的消费者，反而最容易陷入多样性寻求的迷思中。因为他们更希望自己的选择"看起来有根据"，于是经常设法寻找理由"支持自己改选

新产品的正当性"。

例如：

这支牙膏虽然也不错，但那一支有添加薄荷分子，听起来更有效。

我不是喜欢尝鲜啦，只是这个品牌标榜纯植物性天然配方，可以试试看。

此种借口让多样性寻求的迷思更隐性，造成消费者更难自我察觉与修正。

当变化变成惯性，选择就失去了基准

"多样性寻求效应"一旦被习惯化，消费者会丧失对"何者真正好"的判断准则。因为在不断更换选项的过程中，消费者已无法累积足够的经验来对比商品的效能、效益与稳定性。

更严重的是，此种偏误会反向削弱"正面体验的记忆"，使消费行为变得像是"永远在找答案，但永远找不到"。

你其实并不喜欢改变，只是抗拒重复的无力感

"多样性寻求效应"的心理根源，并非完全来自于对"新事物"

的憧憬，而可能是来自对"重复"的厌烦。此种厌烦并不代表目前的选择真的不符合期待，而是心理预期值或惊喜感降低了。

回到前面的例子来看，我们厌倦的不是那杯红茶拿铁，而是它已无法带给我们心理惊喜。这并非产品的错，而是"多样性寻求效应"让我们对变化产生依赖，就像吃甜食吃上瘾一样。

越懂得选择，越能珍惜"一成不变"

最后，能够抗衡"多样性寻求效应"的方法，不是压抑好奇心，而是重建对"偏好稳定性"（preference stability）的信任。并非每次都需要选择更换成未使用过的新奇事物。消费者真正的选择能力，来自于能够辨识"何时该改变，何时该坚持"。唯有拥有稳定偏好的能力，才是走出选择困难症（decidophobia）的关键起点。

基本心法

选择多未必等于自由，频繁变换也未必代表进步。"多样性寻求效应"让我们在"喜欢尝鲜"与"害怕稳定"之间迷失自我，原本应该依照偏好做出一致性决策，却在"不换一下好像对不起自己"的念头下，陷入反复偏离原则的泥沼。

请记住：**真正的选择，是基于理解而非逃避，是来自确认，而非冲动。** 下一次当你想尝试一项新产品时，不妨先问自己：这个消费选择是否符合我真正的需要，而非一时"吹皱一池春水"的心理波澜？

也许未来你会发现：重复选择本身不是问题，重复选择中的稳定与信任，才是满足未来消费质量的关键所在。